艺术设计专业基础教程

The Basic Courses of Art Design

网页设计与制作

DESIGN AND MAKE WEBPAGE

任　戳　主　编

祝锡琨　杨滟君　副主编

宋永胜　著

辽宁美术出版社

艺术设计专业基础教程编委会

主　编：任　戬

副主编：祝锡琨　杨滟君

委　员（按姓氏笔画）：王朝阳　王东玮　王明妍　石春爽　石献琮　白　璐　刘　晖　刘利剑　成硕磊　李睿煊　李　波　李　禹　肖福科　杨翠霞　周长连　高铁汉　曹福存　崔晓棠

专家委员会：何　洁　曾　辉

总策划：苍晓东

图书在版编目（CIP）数据

网页设计与制作 / 宋永胜著. -- 沈阳：辽宁美术出版社，2014.5（2018.1重印）
（艺术设计专业基础教程）
ISBN 978-7-5314-6348-1

Ⅰ. ①网… Ⅱ. ①宋… Ⅲ. ①网页制作工具-高等学校-教材 Ⅳ. ①TP393.092

中国版本图书馆CIP数据核字（2014）第095863号

出 版 者：辽宁美术出版社
地　　址：沈阳市和平区民族北街29号　邮编：110001
发 行 者：辽宁美术出版社
印 刷 者：沈阳博雅润来印刷有限公司
开　　本：880mm×1230mm　1/32
印　　张：5
字　　数：120千字
出版时间：2014年5月第1版
印刷时间：2018年1月第4次印刷
责任编辑：苍晓东
封面设计：范文南　洪小冬　苍晓东
版式设计：郭亚男　苍晓东
技术编辑：鲁　浪
责任校对：李　昂
ISBN 978-7-5314-6348-1

定　　价：32.00元

邮购部电话：024-83833008
E-mail：lnmscbs@163.com
http：//www.lnmscbs.com
图书如有印装质量问题请与出版部联系调换
出版部电话：024-23835227

总序

艺术设计教育通过学科基础、专业基础的课程学习来获得艺术设计人才的基本素质和基本技能。这是从事高等艺术设计教育工作者所应共同持有的一条经验和共识。如果用大树来比喻的话，学科基础是根和本，专业基础是枝和干，专业课程是叶子，它们的总和结成了艺术设计之果。于是，根壮、干粗、叶茂、花艳、硕果累累！

很久以来，艺术设计学科基础教育在我国高等艺术设计教育中得不到应有的重视，这是高等艺术设计教育领域在方法论意义上的缺失。为从根本上探寻当代高等艺术设计教育能够确实培养出与当代经济、文化发展相适应的高端艺术设计人才，努力建立适合我国国情的艺术设计学科基础和艺术设计专业基础，这是历史赋予教育工作者的一种职责。

大连工业大学艺术设计学院基于以上认识，经过几年的教学实践与理论研究，于2008年出版了《艺术设计学科基础教程》。在此基础上，又定于今年8月开始陆续编著出版《艺术设计专业基础教程》。该系列教材不仅把学科基础知识延伸到了专业基础之中，使丰富的专业基础有了可依循的规范，并将有利于继续深入学习艺术类各专业知识。

作者简介

宋永胜 1955年出生
大连工业大学艺术设计学院副教授
硕士研究生导师
高级室内建筑师
高级室内设计师
中国装饰学会会员
中国建筑学会室内设计分会会员
大连美术家学会会员
大连设计学会公共艺术委员会理事
《百道艺术设计会所》负责人

论文：数码时代的艺术设计教学《装饰》

"Research and Exploration for Professional Practice and Teaching Reform in ART Design"(2010 International Conference on Educational and Information Technology)(EI收录)

"Internet of Things in College Application Prospects"(2010 International Conference on Electronics and Information Engineering)(EI收录)

著作《构成基础学》辽宁美术出版社

课件《网页设计》"第六届全国高等学校计算机课件评比"优胜奖

课件《媒体设计艺术》"第八届全国高等学校计算机课件评比"一等奖

课件《媒体设计》"第十一届全国多媒体课件大赛"三等奖

课件《网页设计艺术》"第十二届全国高等学校计算机课件评比"优秀奖

课件《网页设计》"辽宁省第九届教育软件大赛"三等奖

课件《媒体设计》"辽宁省第十一届教育软件大赛"三等奖

课件《计算机设计基础一》"辽宁省第九届教育软件大赛"优秀奖

科研项目：《传播媒体创新》

www.dlbroad.com

序

自数码技术应用于艺术设计领域以来，网络以融汇百家的姿态，了无痕迹地浸入了人类的生活。它正以无比强大的生命力震撼着智慧的思维，启迪着社会的睿智，便捷和升级了交互的路径。

网页设计教学与实践义不容辞地闯进了艺术设计教育领域。但网页设计教学与实践并无太多“前车之鉴”，大家都在探索中求得进步，这既是严峻的历史性挑战，更是教育创新的机遇。本书作者将自己多年的网页设计教学与项目实践经验，科学有序地撰写成教材，为网页设计教学与实践大胆、科学地规范路径做了大量先导性工作。该教材没有不切实际的轻浮内容，更无堆砌枯燥的无用教条，而是认认真真、一丝不苟地将枯燥的理论说教巧妙地融入到案例设计实践中。通过案例实践科学清晰地解析了网页设计与制作的基本原理与相关规律。案例设计精挑细选，作业安排有的放矢，代码编写一目了然，制作实践举一反三。特别是该书配合自己的网站www.dlbroad.com直观明了地展示了设计与制作的关联。

但愿该书能为众多网络达人“抛砖引玉”。

任文东 博士

大连工业大学副校长2013年春

绪论

当今,网络已经融合了我们的一切，无论你是否愿意都逃脱不了网络的围合，它友好的界面不仅为我们获取与交互信息提供了优化的路径，更是以网络技术的内涵文化，使人类的文明得到睿智的提升，网络感动了生活。

科技是国家的命脉，文化是国家的灵魂。网络教学、网页设计教学、网页制作教学，已不仅仅是技术教学，更是文化的碰撞和文明的延展。纵观目前能够提供的《网页设计与制作》教材，良莠不齐，特别是针对艺术设计专业的学生而编写的课程示范教材更是寥寥无几，而且不对“路子”， 长此以往事倍功半，甚至是误导。

我们实在太需要一本“有的放矢”的《网页设计与制作》课程示范教材了!

本教材以艺术设计专业平台课程为基础，以该专业学生解析知识的思维方式为路径，结合网页设计的视觉样态和网页制作的最新技术，以课堂示范、实践的方式解析知识。重点放在案例实践与本源知识解析紧密关联、详析原理、示范案例、强化操作实践上，并科学有序地设计案例，步步深入，真正做到举一反“N”，事半功倍。

目录

说明：

本教材案例实践环节的素材和网页源文件请到www.dlbroad.com网站上下载。

方法：→资源共享→“网页源文件及素材”→鼠标右键→目标另存为→完成下载→改文件courseinfo.jpg的格式为courseinfo.rar→解压后即可使用。

第一章

网页设计原理

1.1 网络结构解析

我们每个人都有网上冲浪的实践，友好的界面为我们快速获取信息提供了前所未有的路径，学习网页设计首先必须认知网络的基本结构。

如图1－1 、1－2所示，网络其实就是多条联通的信息高速公路。WWW（World Wide Web，简称万维网或称全球广域网）为我们提供了一个可以轻松驾驭的图形化用户界面，用Internet通道将Local Information（本地信息）上传到Server（服务器）上，形成Remote Information（远地信息），这些文档与它们之间的链接一起构成了一个庞大的信息网。用户通过访问下载需要的信息在Explorer（浏览器）上还原，完成了人机交互，人人交互，资源共享。

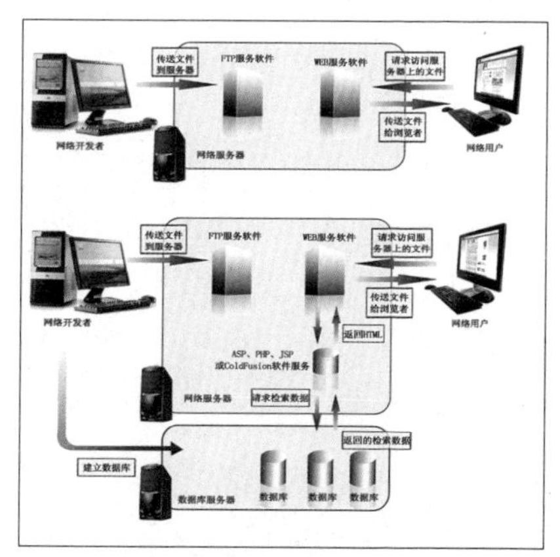

图1—1

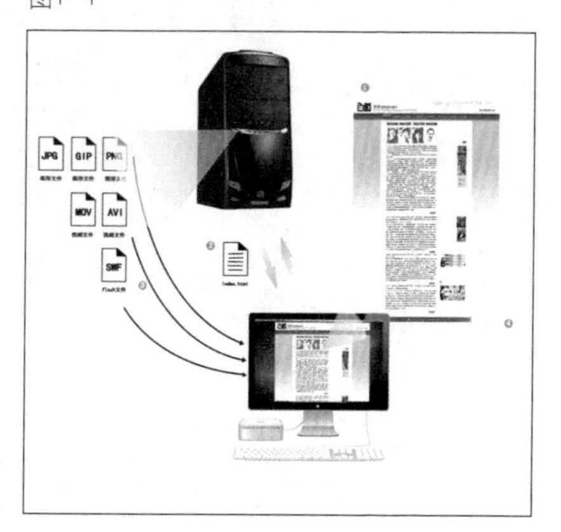

图1—2

1.2 网页结构解析

如果网络是信息的高速公路，Website（网站）则是在公路上行驶的车辆，Web（网页）就好比是车辆上装载的物件（信息）。

Web通过用户的跳转或“超级链接”从一页跳到其他页面，甚至跳转到不同的网站。我们可以把Web看作一个巨大的图书馆，Web节点就像一本本

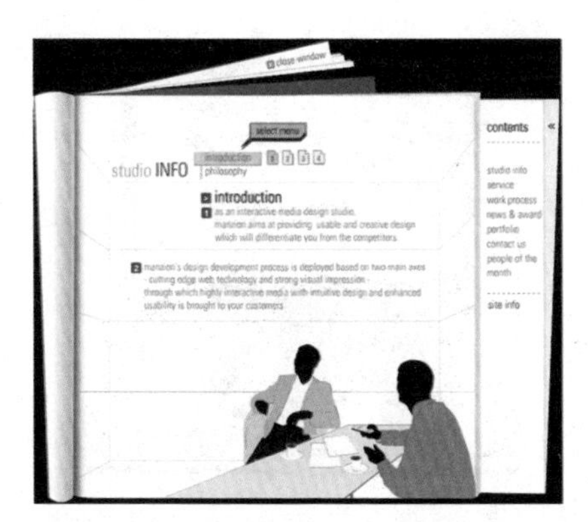

图1–3

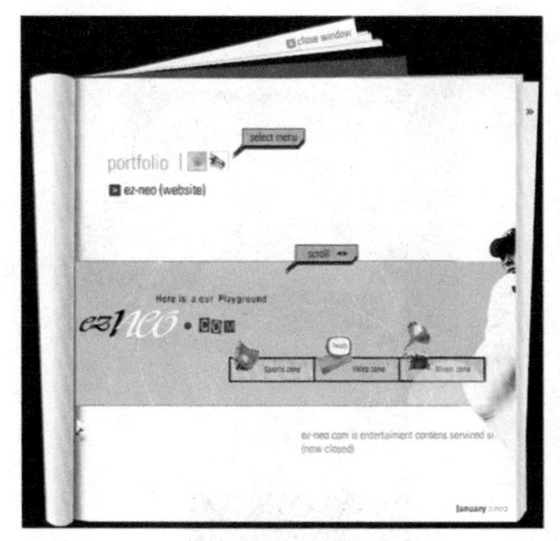

图1–4

书，而Web页好比书中特定的页。页可以包含新闻、图像、图片、动画、声音、视频、3D世界以及其他任何信息，而且可以存放在全球任何地方的计算机上。用户通过Web连接就可以使用相同的方式访问全球任何地方的信息。

WWW使用了超文本标记语言（HTML），通过Index（索引）页面，使用星状链接和树状链接为用户提供准确路径，完成理性需求。如图1–3～图1–6所示。

图1–5

图1–6

1.3 设计与属性

1.3.1 网页的视觉特征

随着科技的发展和网络技术的进步，特别是物联网的出现，网上冲浪的无线（无限）领域随之向纵深延展。但网页始终是在电子终端上显示，由于电子终端的尺寸不同、样式不同，特别是所有显示终端都有边框，而且边框色彩各异，这一点是传统媒体所不具备的。这既是限制，也是挑战，更是特征。所以网页设计时必须把握住网页显示时对各式终端和各种浏览器的兼容关系，用好用活显示终端的边框，表现出网页本身所独有的视觉效果。由于网页显示时的视觉样态很难事先准确预知，我的经验是将设计好的网页在不同的终端和浏

图1—7

图1—8

图1—9

图1—10

览器上测试、调整、完善，最大限度地保证显示效果的统一性和网页视觉特征的独特性。图1-7～图1-10是本人设计的网站首页在不同终端上显示的效果。www.dlbroad.com

1.3.2 网页的属性

首先网页是视觉艺术，在此基础上，网页设计既有传统视觉艺术的共同属性，同时作为数字时代的新艺术形式之一，更具有若干与传统艺术形式不同的独立艺术属性。

（1）艺术性

网页设计的艺术性重点体现在信息的交互方式设计（Interaction Design）。传统媒体的信息交流为单向方式，而网页具有即时多项的交互功能。当下，完善的网络环境使得网站的设计师能够快速得到用户反馈的感受和要求。用户由传统的被动接受信息，转变成网页艺术的建构者之一。随着参与者的增加，网页的艺术结构也在变化。而这种变化往往是由用户需求引发的。网页艺术作品不仅能够发挥传播媒体的效果，更能根据用户的反馈产生不同的响应，这就是网页的智能艺术性。交互使得网页艺术成为动态变化的艺术。网页艺术的互动性是数字技术应用于网络的艺术特征。如图1-11～图1-14所示，用户可根据自己的嗜好更换不同的空间环境，设计师也必须为此而三思。当然网页的交互艺术性也不仅仅如此，把握住网页的交互艺术属性才是网页艺术设计的本源。

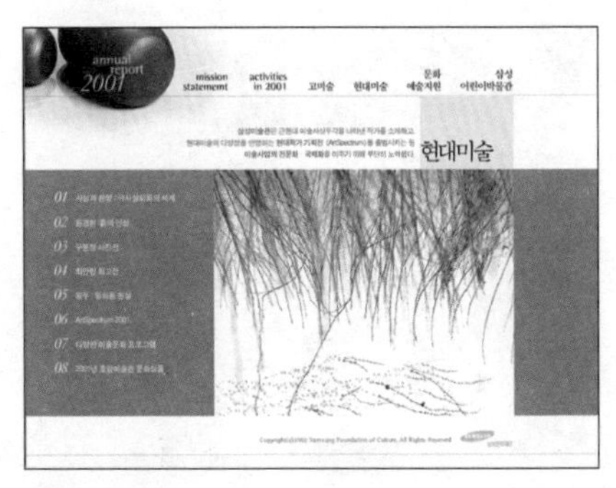

图1-11

图1-12

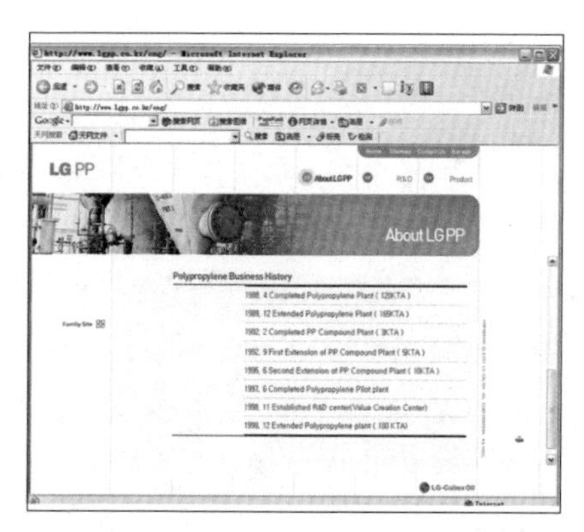

图1—13

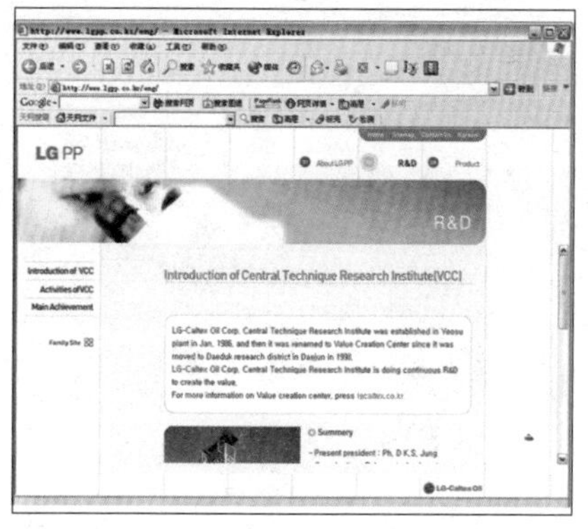

图1—14

（2）技术性

网页是典型的技术与艺术巧妙结合的视觉样态，它囊括了所有传统媒体艺术的构成元素，如文字、图形、图像、色彩、音乐、动画、视频、3D虚拟世界等，因此它对数字技术的依赖性更强。传统艺术形式的技术一旦确定下来，就很少影响艺术的表现形态。但网页艺术设计不同，每次技术进步立刻就对艺术的表现形态发生作用。MP3技术的出现极大地丰富了网络的音乐，流媒体技术的进步和完善使得网络视频播放流畅，下载与上传更加便捷，网络带宽的拓展使得网上冲浪随心所欲。反过来，艺术表现形式的要求同样促使技术的进步。Flash动画艺术的出现就促使了网络动态技术的完善。网页设计师既要熟练地掌握相关的网页制作技术，更要充分运用技术提升艺术的表现力度，只有技术与艺术的理性结合，网页设计才会得心应手。为此进行网页艺术设计时务必对网页技术“有的放矢”，千万不可设计出目前无法用技术完成的网页艺术，更不可炫技。技术不代表艺术，艺术通过技术来实现。综上所述，我们就不会走进堆砌技术的误区，也不会对技术的重要视而不见。网络技术的进步可谓“日新月异”，用户对网页要求从无停滞，网页设计师必须与时俱进。图1—15～图1—18等是技术应用非常得当的网页，大家可以通过网址欣赏。

图1—15 www.fossil.com

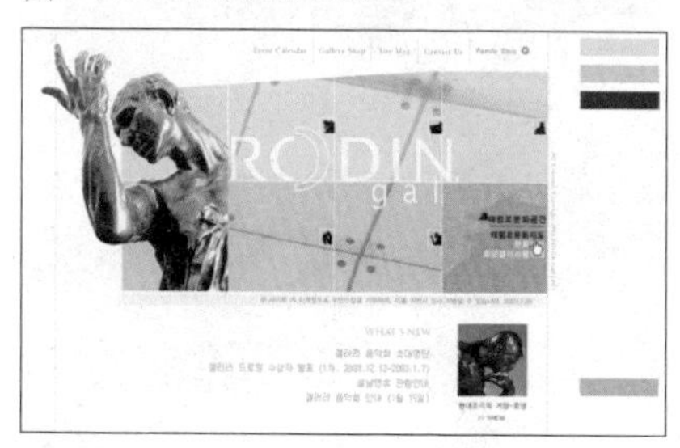

图1—16 www.rodingallery.org

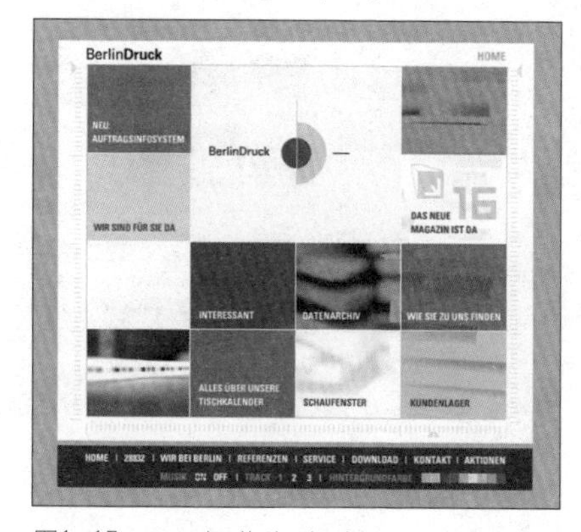

图1—17 www.berlindruck.de

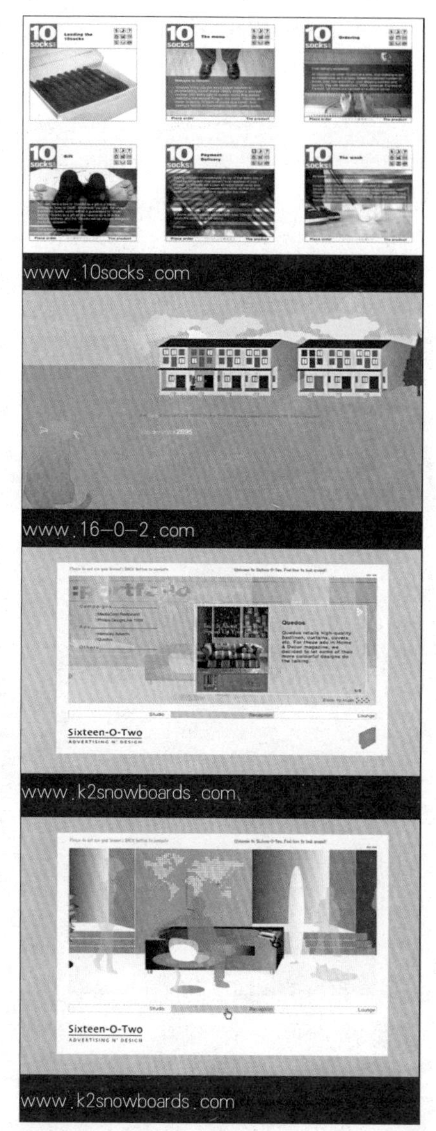

图1—18

（3）商业性

当下，我们不仅仅处于商品经济时代，更重要的是艺术已完全走向市场形成产业，因此，艺术价值与商业价值已经在艺术作品中达成了共识与双赢。网页艺术虽然是新生，但它在视觉传达领域的位置可称为“霸主”，它的商业魅力和价值属性与日俱增。

那么，网页艺术的商业属性到底是什么？难道网页艺术也必须进入拍卖行？笔者认为：网页艺术的商业属性首先是网页艺术本身的商业价值，即网页艺术在商业领域的使用价值，比如，广告植入、商品展示、网上购物、网上银行、网上缴费、远程咨询、远程教育，甚至远程会诊等。随着物联网技术的完善和资费理性，网页的商业魅力更是无法估量，这些网页艺术本身就是商品，可直接产生它的商业价值和商业魅力。另外，网页艺术容易快速被大多数用户访问和反馈，并交互传达信息，快速实现商业价值的属性，或者在一定的时间维度中逐渐释放商业魅力，如公益性的信息传播。从审美的角度讲网页艺术是面对大众的视觉艺术，这就要求网页艺

图1—19 www.design-agency.com

术在追求艺术高度的同时，还要重视其商业属性的一面。从文化艺术产业的角度来说，商业魅力直接关系到网页艺术的“生死存亡”。失去了商业魅力，网页艺术生存的空间就会大大缩小，并阻碍自身的发展。商业属性是网页艺术不可忽视的重要“性格”。如图1-19、1-20所示。

图1-20

1.4 信息与架构设计

1.4.1 信息结构设计

网站是网页的载体，网页是信息的载体。网页艺术设计主要是网页信息布局和信息结构设计。设计网站主要是针对首页（Homepage）、栏目首页和信息内页等几个重要的页面进行布局。其他页面以此为基础拓展，在信息内容变化上有针对性地进行细节调整。信息设计时要把握视觉流程原则、预留空间原则、阅读最方便原则、信息更新便捷原则和网站维护方便原则。

信息分类：即时信息、重要信息、次要信息、固定信息、变化信息排序。

信息布局：即时信息、重要信息布

图1-21

局在视觉中心；次要信息、固定信息、变化信息均衡布局。

如图1-21～图1-24所示。

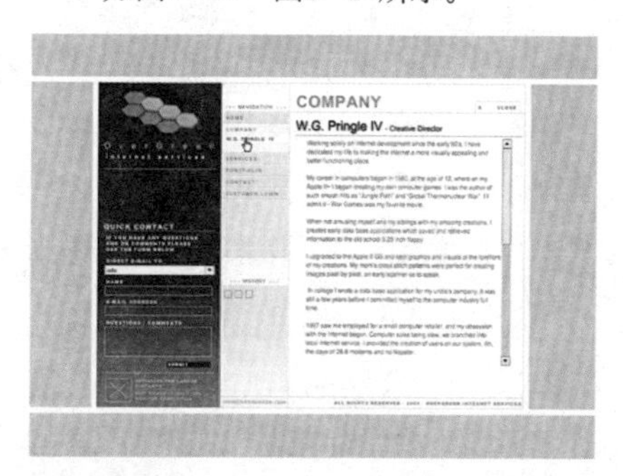

图1-22

图1-23 www.macys.com

图1-24

1.4.2 网页架构设计

网页的架构设计与传统平面媒体的版式设计有很多相同之处。但是由于网页艺术的交互特性和形态元素的特征，它的架构设计又必须区别于平面的版式设计。网页是动态的、交互的，视听元素会随时变化。

目前大家普遍采用的架构设计规律是：信息流量大采用分栏式架构；信息流量中采用区域划分式架构；信息流量小采用无规律式架构。但无论采用哪类架构，都必须把握住信息结构决定网页

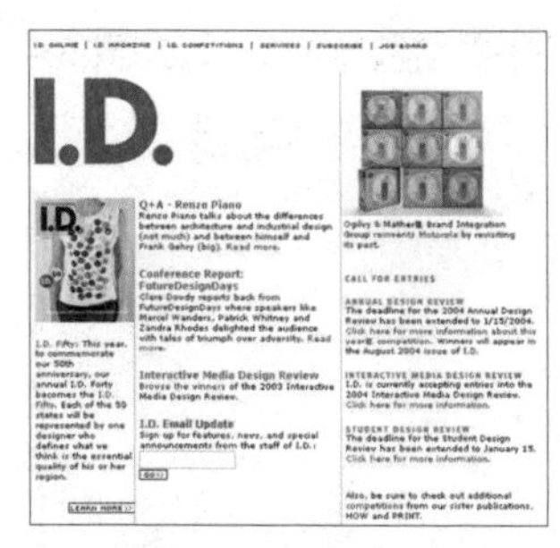

图1-25

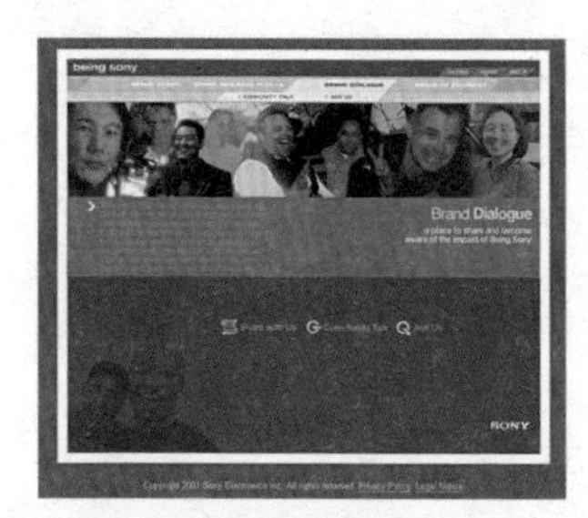

图1-26

图1-27

架构设计，信息层次分类分层决定页面布局的原则。如图1－25～图1－27分别为分栏式架构、无规律式架构、区域划分式架构。

1.4.3 架构分类与特点

分栏式架构是一种开放式的框架结构，其特点是信息流量大，更新方便，信息储量宽泛，也是最常见的网页架构，如门户网站等。图1－28为三分栏架构，图1－29为二分栏架构，图1－30、1－31为主二分栏架构，图1－32为五分栏架构。

区域划分式架构，其实就是分栏式结构的变异。特点是结构编排灵活，信

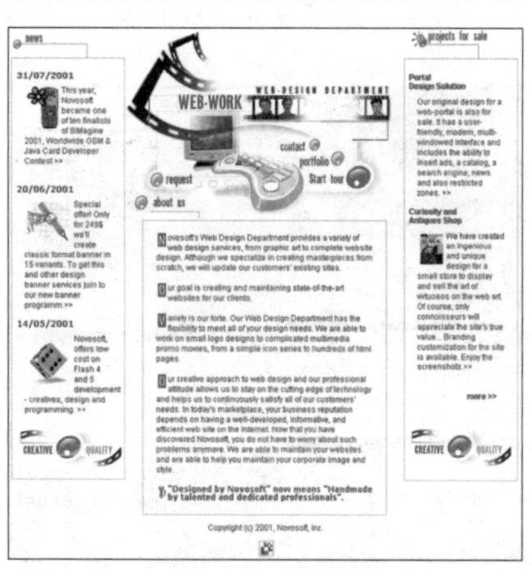

图1－28

图1—29

图1—32 www.fossil.com

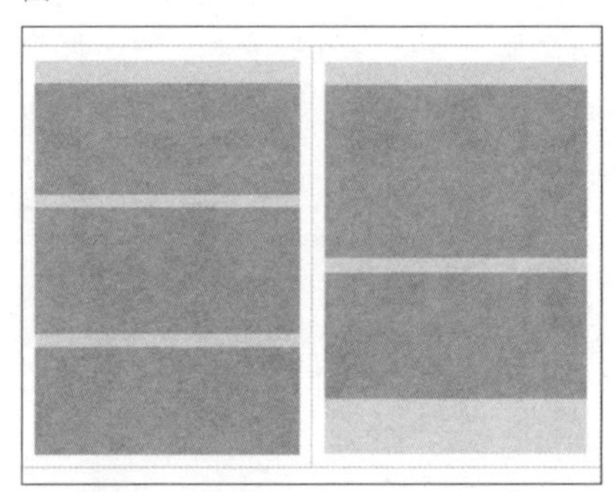

图1—30

图1—33

图1—31

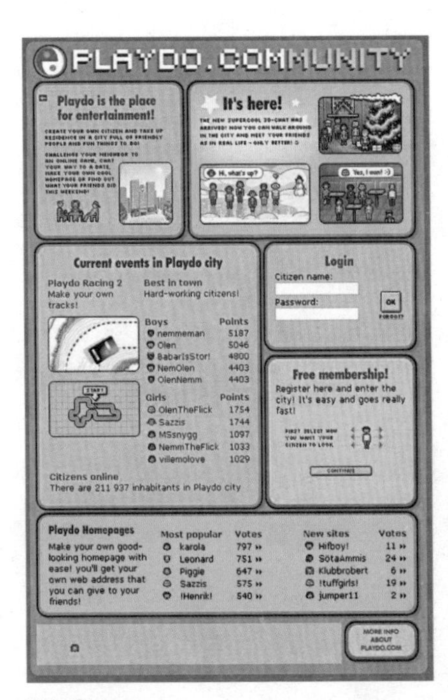

图1—34

息结构丰富。如图1—33、1—34，常用于文化类网站。

无规律式架构视觉冲击集中，形象信息丰富。缺点是信息流量少或无，下载速度慢，但随着带宽的拓展正走出瓶颈。一般个性网站常用，可将设计师理性思维个性化表现出来，是一种具有个人风格和艺术特色的传达方式。如图1—35～图1—39所示。

图1—35

图1—36

图1—37 www.ratatattoo.it

图1—38

图1—39 www.leitz.com

1.5 网站风格创意（艺）

网站的风格日新月异，它始终保持着融汇百家而了无痕迹的独立视觉样态。网站风格设计，或者说网站设计的创意（艺）思维展开，是丰富的审美经验和扎实的网络技术能力理性结合的升华，特别是对网站整体信息视觉化形象的联想。风格创意（艺）不仅仅是依靠色彩、图片、架构和文字等视觉元素自身的独具创新，重点是视觉元素在页面中达到协调统一，保持一致的视觉识别体系。网站的特有风格还包括信息内容的规划管理、互动程序的建构和使用方法等其他与非视觉方面的关联。

网站风格是数字艺术新生的视觉样态，就艺术设计创新而言，百花齐放、百家争鸣，不应该有统一的标准。本人以多年的网站设计实践及网上冲浪的经验，大致归纳了十种网站风格，供大家参考借鉴，希望能够激发出网络达人创新的激素，创作出独树一帜，赏心悦目，使用户流连忘返的极致风格。这更是提升网站访问量和网站存活的根本。如图1—40～图1—55。

图1—40 www.theblot.com 报纸风格

图1—41 报纸风格

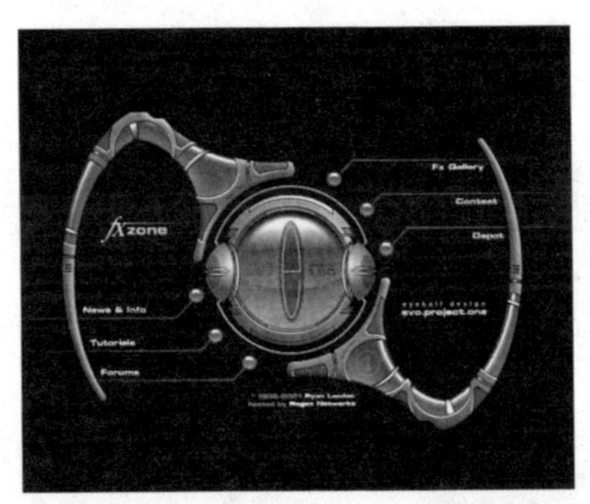

图1—42 www.eyeball—design.com 金属风格

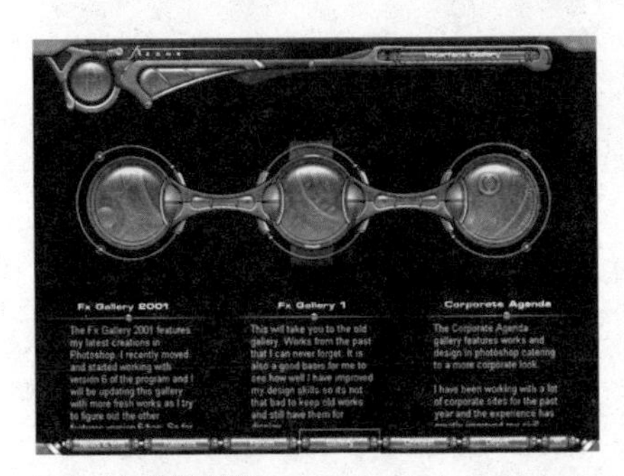

图1—43 金属风格

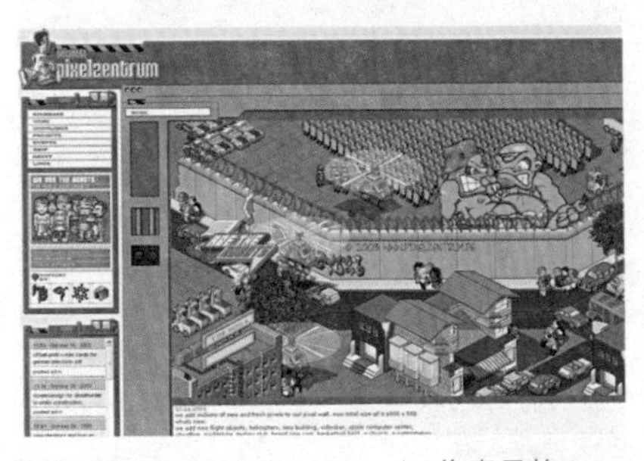

图1—44 www.pixelzentrum.de 像素风格

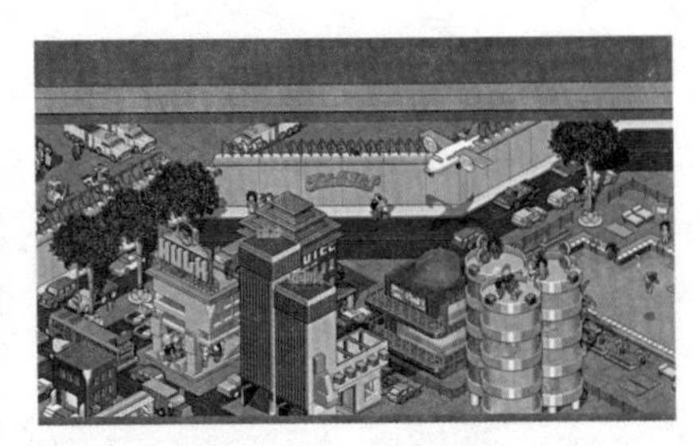

图1—45 像素风格

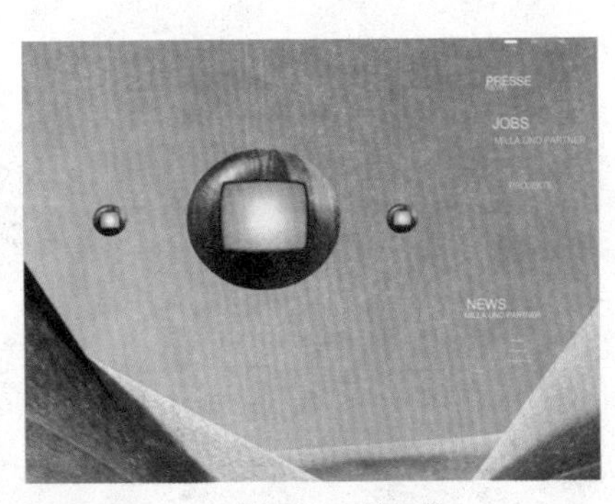

图1—46 www.milla.de 三维风格

图1—47 三维风格

图1-48 www.koreawebart.org 大字报风格

图1-49 大字报风格

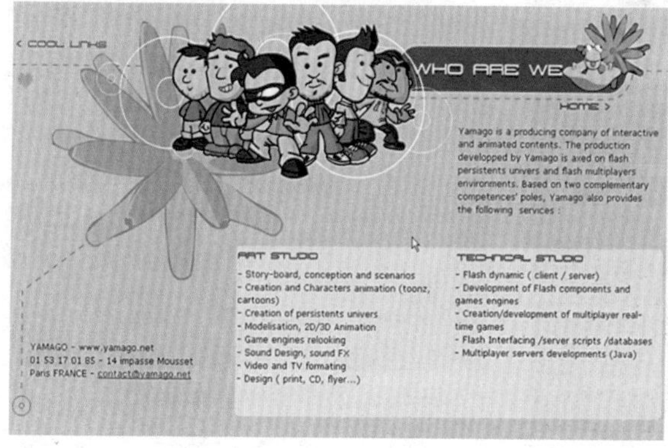

图1-50 卡通风格

图1-51 卡通风格

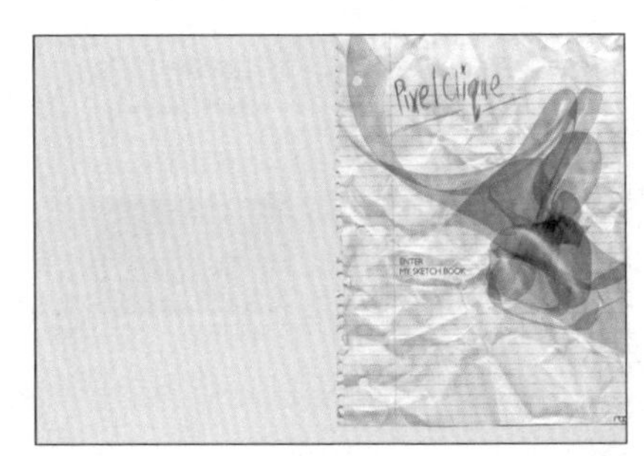

图1-52 日记风格

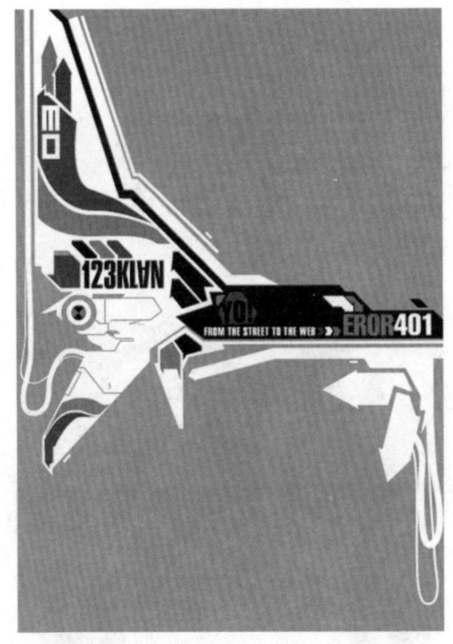

图1-54 科幻风格

图1-53 玩具风格

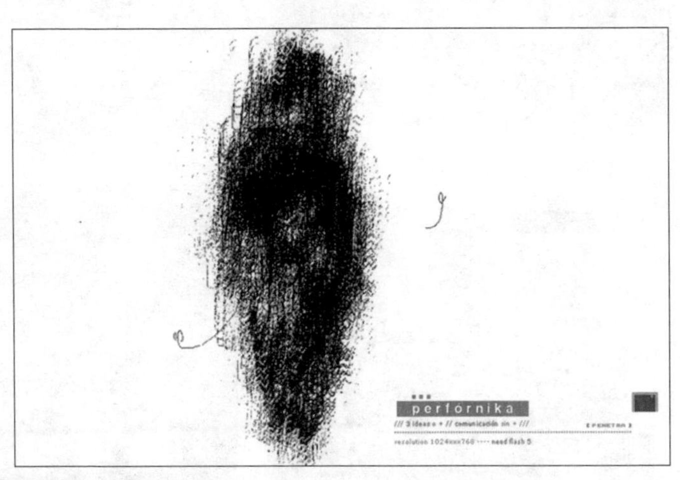

图1-55 抽象风格

网页设计参考图例

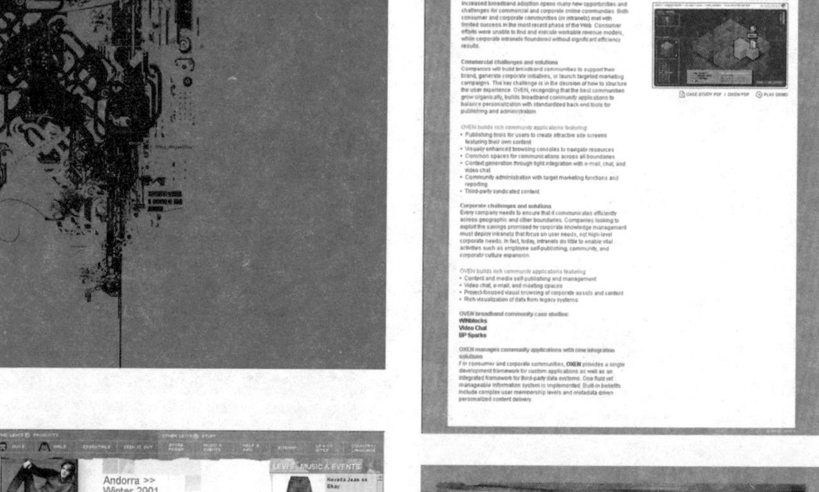
BROADBAND APPLICATIONS / COMMUNITY
Individuals customize Rich Media spaces to create effective communities.

Andorra >>
Winter 2001
Season's Greetings
LEVI'S MUSIC & EVENTS
welcome to levi.com >>
here you'll find >>
products >> stores >>
music and events

frog
welcome to frogdesign.com
macromedia shockwave plug-in required to view site
enter site

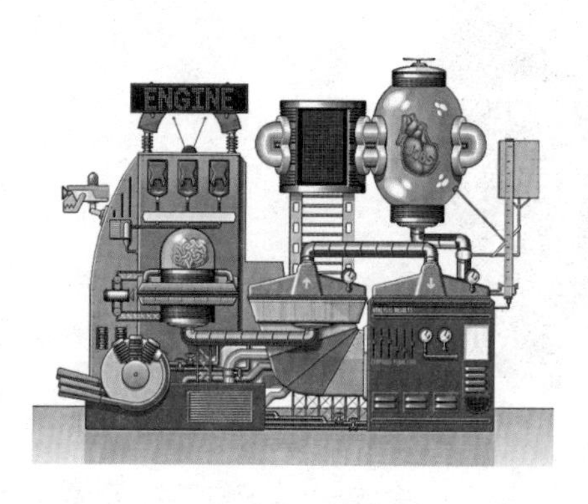
ENGINE

第二章

网页的结构与视觉

2.1 初识网页（实践）

首先让我们完成一个手写网页代码制作网页的实践。

在桌面单击鼠标右键→新建→文本文档，如图2–1所示，建立格式为.txt的文本文档，如图2–2所示，在“新建文本文档.txt”上单击鼠标右键→重命名，将其更改为index.html文件，如图2–3所示。

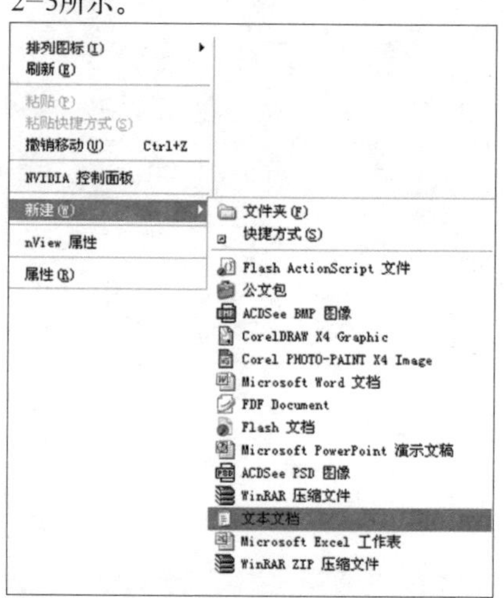

图2–1

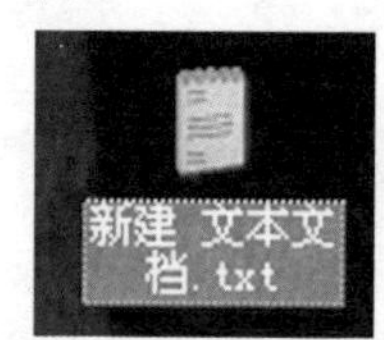

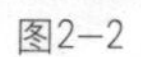
图2–2

图2–3

在index.html文档图标上单击鼠标右键→打开方式→记事本→打开该文件，→在其空白处写入网页代码及视觉元素：

```
<html>
<head>
<title>网页初识</title>
<style type="text/css">
h2 {color:red
}
p {font-family:"宋体";
font-size:14px;
color:blue;
}
</style>
</head>
<body>
<h2>标题</h2>
<p>文字段落：<br>这是我的第一个网页，虽然简单但“五脏俱全”。</p>
</body>
</html>
```

并将其保存。双击index.html文件图标在IE浏览器中打开该文件，显示网页如图2–4所示。

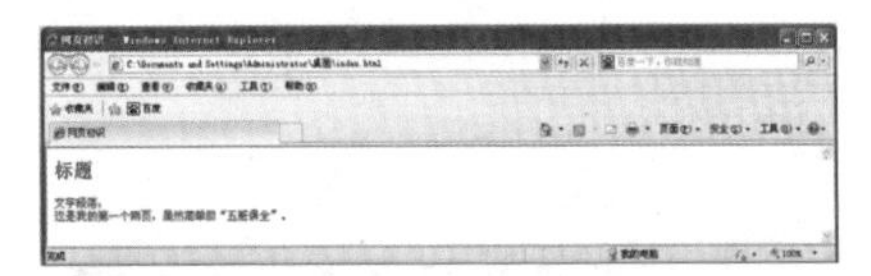

图2-4

悄悄话：

如果重命名文档 新建 文本文档.txt 而无法显示为 index.html 文件，则双击“我的电脑”图标→工具→文件夹选项→查看→去掉该项的选择即可。

我们在浏览器里看到的内容为网页的视觉元素，在代码里看到的标记则是网页的结构元素。网页的结构元素“标记”决定了网页显示时的视觉样态。

<html>…</html>：标示出文件的起始与终止。

<head>…</head>：标示出文件的标题区。

<body>…</body>：标示出文件的主体区。

三对标记构成网页基本结构样态：盒子的嵌套，包含和包含于。<html>…</html>嵌套<head>…</head> 和<body>…</body>。

<head>…</head>嵌套了

<head>

<title>网页初识</title>

<style type="text/css">

h2 {color:red

}

p {font-family:"宋体";

font-size:14px;

color:blue;

}

</style>

</head>

<body>…</body>嵌套了

<body>

<h2>标题</h2>

<p>文字段落：
这是我的第一个网页，虽然简单但“五脏俱全”。</p>

</body>

以上网页虽然简单，但其结构原理和视觉样态是正确的，这也是我们学习网页制作必须掌握的最基础的原理知识。

课堂作业：使用手写代码编写一个网页。

知识点：理解四对标记的内涵及嵌套关系。

2.2 网页的模块解析

网络诞生的时间较短，但网络发展的速度和深度是惊人的。我们每个人都有网上冲浪的实践，也积累了大量的经验。随着网络的完善及显示终端的多样性、无限性，网页的视觉样态也相应地发生了变革。

网页的视觉样态虽然没有硬性的规范，但网页的功能模块布局在W3C组织及网络达人共同努力下已基本上约定俗成，如图2–5所示。

因此，学习网页设计与制作应以网页的功能模块布局为切入点，多多实践，举一反三，逐步拓展。

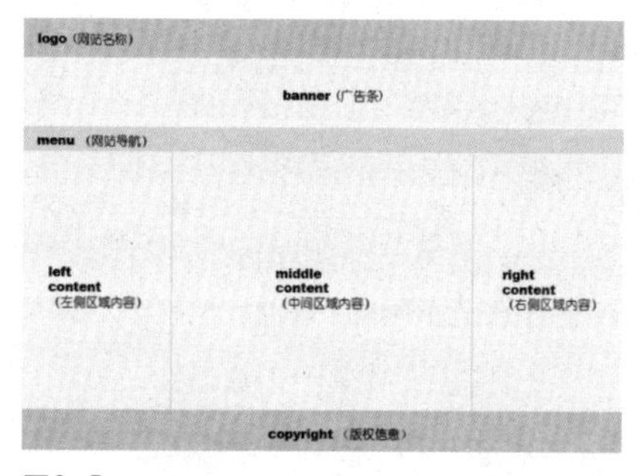

图2–5

2.3 创建站点和网页文件（实践）

制作网页必须首先建立本地站点，现在我们在本机某盘符下建立一个网站文件夹，如F：\sys。双击Dreamweaver8图标打开该软件→站点→新建站点→打开建立站点的浮动面板，如图2–6所示。

高级→分类→本地信息→站点名称，在站点名称栏内输入自定义的网站名称，如：myweb。→本地根文件夹→📁→选择F盘下的sys文件夹，其他选项保持默认，“确定”，本地站点建立成功，如图2–7所示。

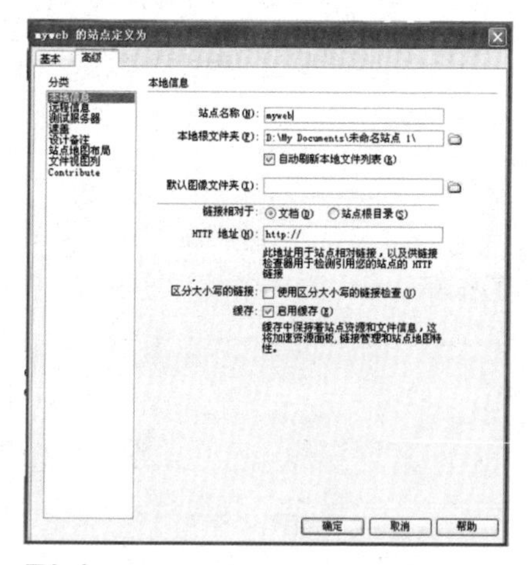

图2–6

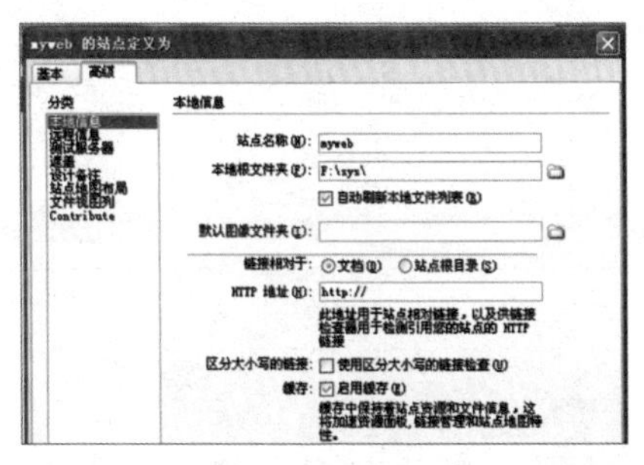

图2–7

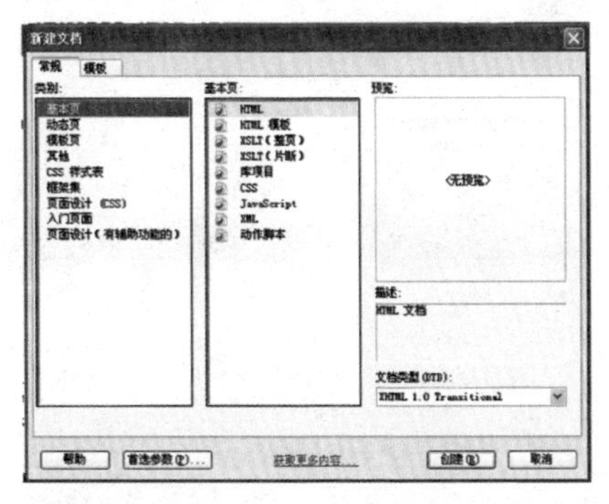

图2–8

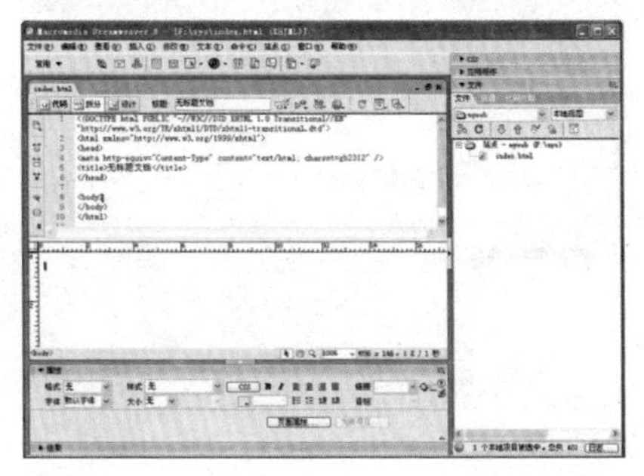

图2–9

Dreamweaver8界面自动打开→文件→新建→创建，如图2–8所示，无文件名称的网页文件建立成功。

> 悄悄话：
>
> index（索引）。站点根目录下的第一个网页文件必须命名为index，该文件在浏览器里首先显示，其他页面与它链接。
>
> 网页文件命名必须使用英文或汉语拼音及阿拉伯数字，不得使用中文（图2–9所示）。

命名和保存网页文件→文件→保存→命名为index。

2.4 结构与表现DIV+CSS（实践）

我们建立的index网页只是个空白的页面，现在我们把网页的功能模块如图2–10所示，用DIV（结构）进行页面布局。

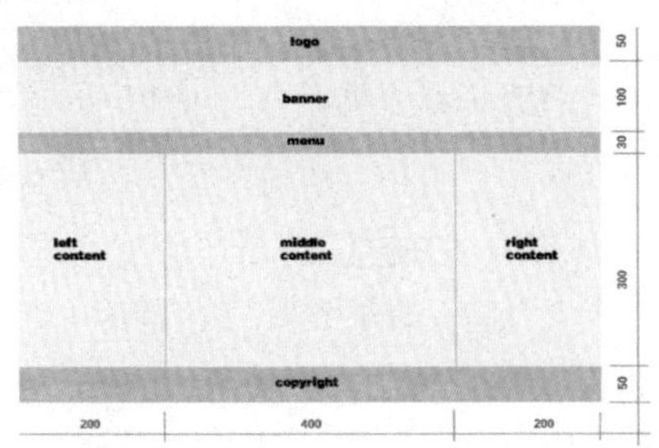

图2–10

将光标置于页面设计视图中，单击“常用”选项卡中的“插入Div标签”按钮→弹出对话框，在“ID”下拉列表中输入container如图2-11所示→确定，在页面中插入Div标签，同时在HTML代码中加入了相应的DIV代码（图2-12所示）。

将光标置于页面中，用相同的方法，单击“常用”选项卡中的“插入Div标签”按钮→弹出“插入Div标签”对话框，设置如图2-13所示→确定，在container层中插入logo层如图2-14所示。

将光标置于页面中，用相同的方法，单击“常用”选项卡中的“插入Div标签”按钮→弹出“插入Div标签”对话框，设置如图2-15所示→确定，在logo层后插入banner层如图2-16所示。

将光标置于页面中，用相同的方法，单击“常用”选项卡中的“插入Div标签”按钮→弹出“插入Div标签”对话框，设置如图2-17所示→确定，在banner层后插入menu层如图2-18所示。

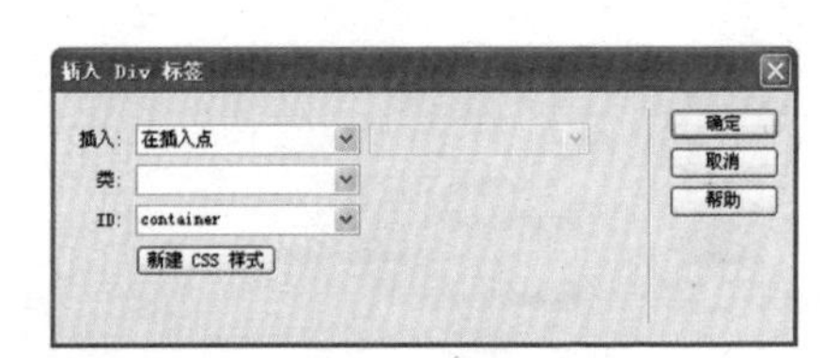

图2-11

图2-12

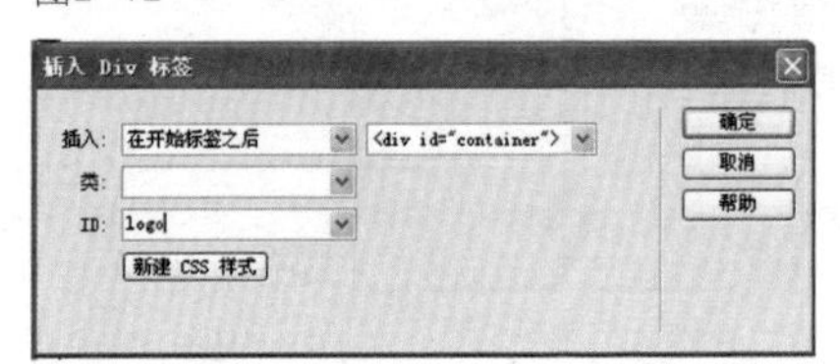

图2-13

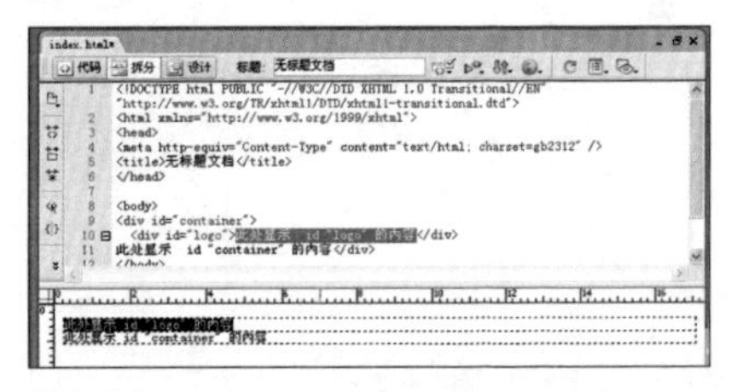

图2-14

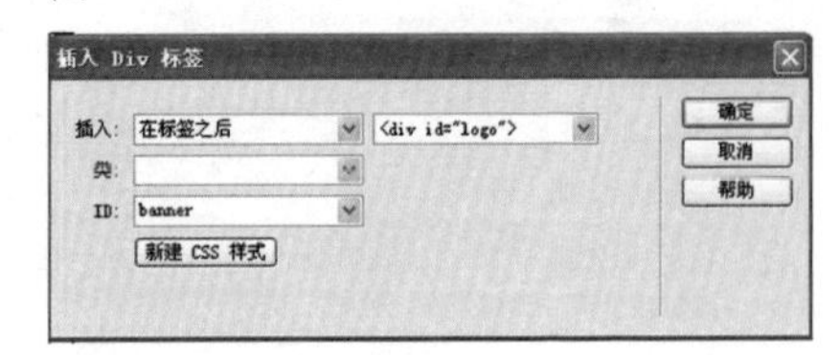

图2-15

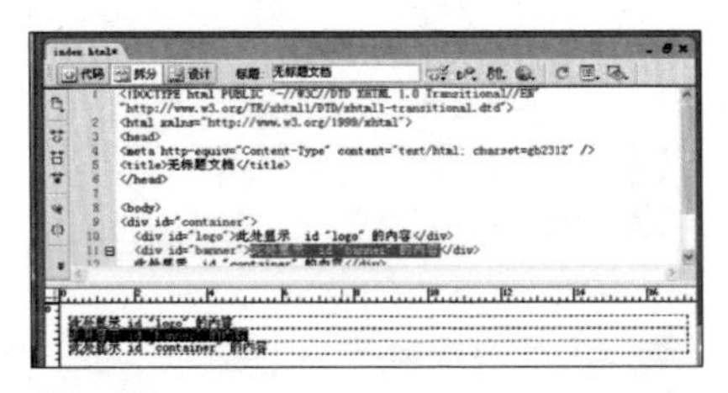

图2-16

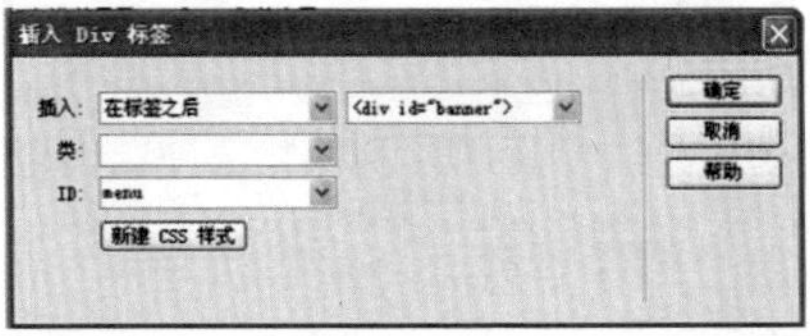

图2-17

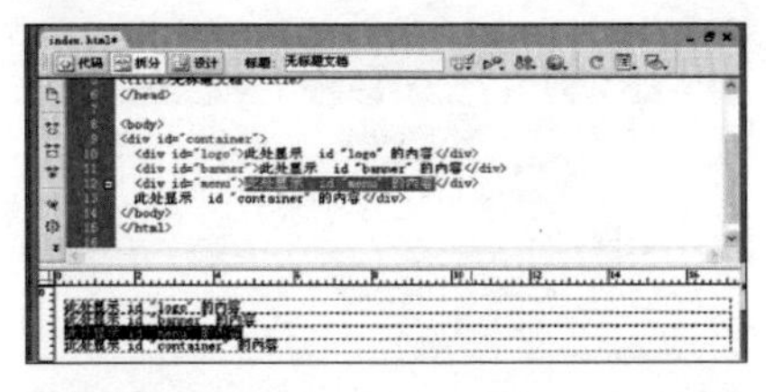

图2-18

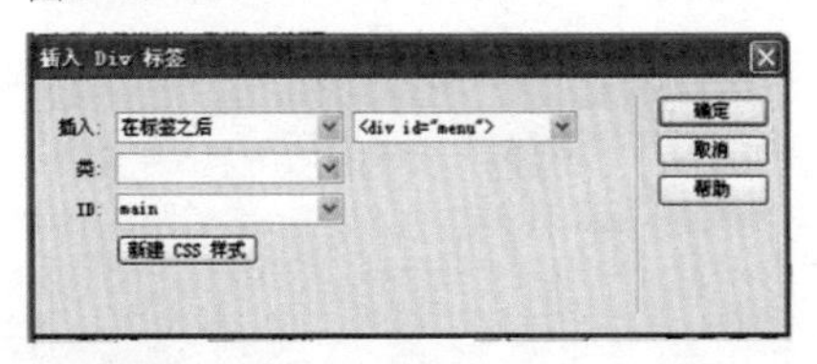

图2-19

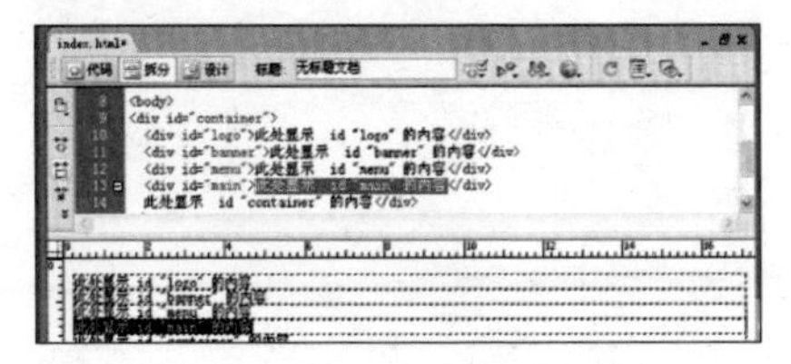

图2-20

将光标置于页面中，用相同的方法，单击“常用”选项卡中的“插入Div标签”按钮→弹出“插入Div标签”对话框，设置如图2-19所示→确定，在menu层后插入main层如图2-20所示。

将光标置于页面中，用相同的方法，单击“常用”选项卡中的“插入Div标签”按钮→弹出“插入Div标签”对话框，设置如图2-21所示→确定，在main层中插入left层如图2-22所示。

用相同的制作方法，重复“插入Div标签”的操作，在left层后插入middle层。用相同的制作方法，重复“插入Div标签”的操作，在middle层后插入right层，页面如图2-23所示。

将光标置于页面中，用相同的方法，单击“常用”选项卡中的“插入Div标签”按钮→弹出“插入Div标签”对话框，设置如图2-24所示→确定，在main层后插入foot层如图2-25所示。

在页面“标题框中”输入页面标

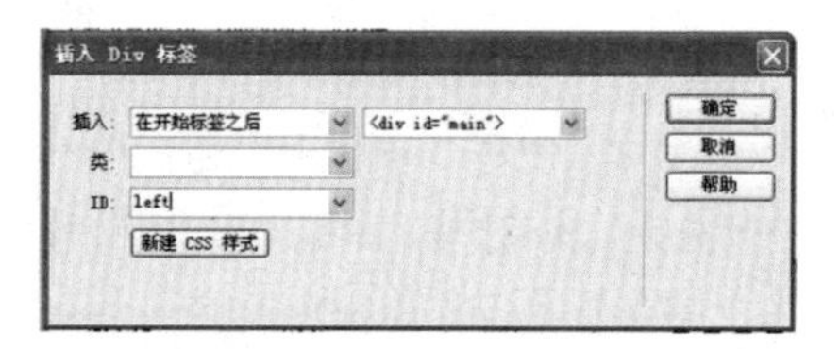

图2—21

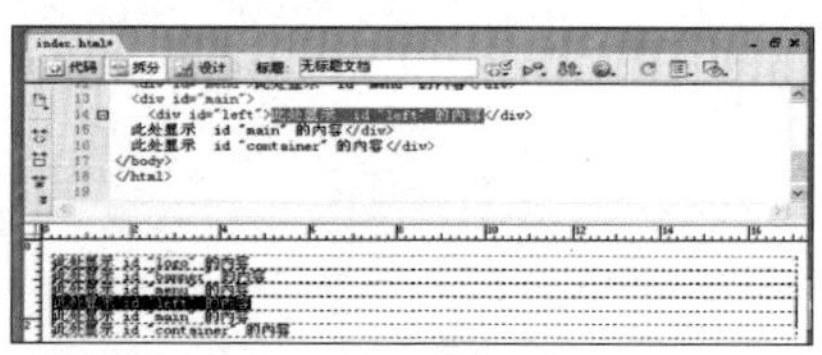

图2—22

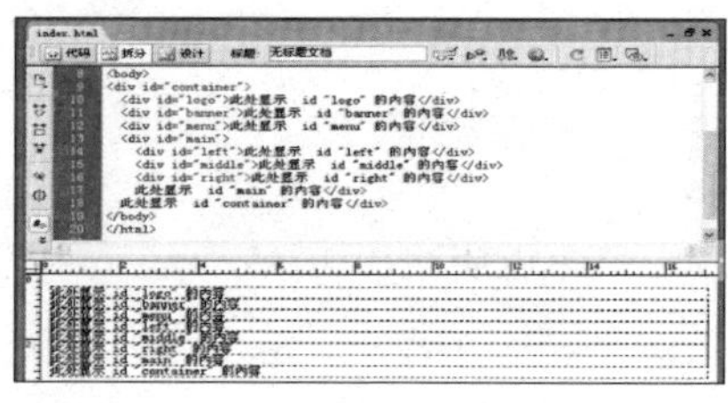

图2—23

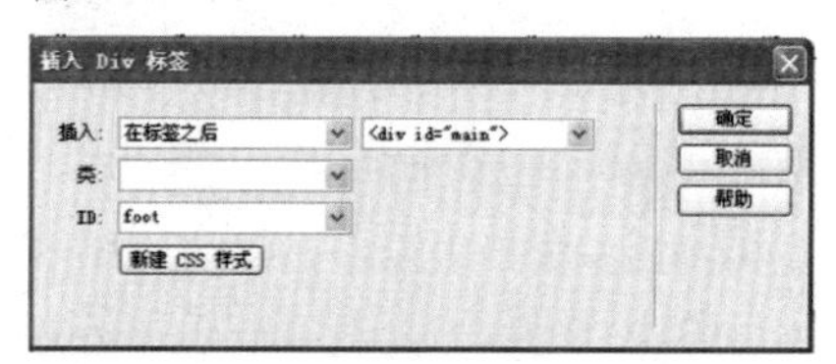

图2—24

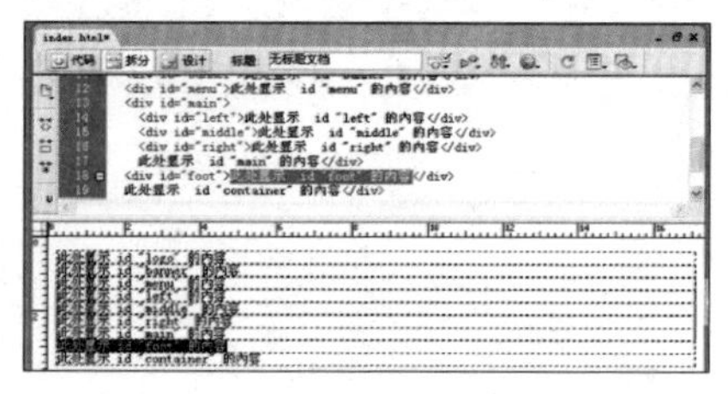

图2—25

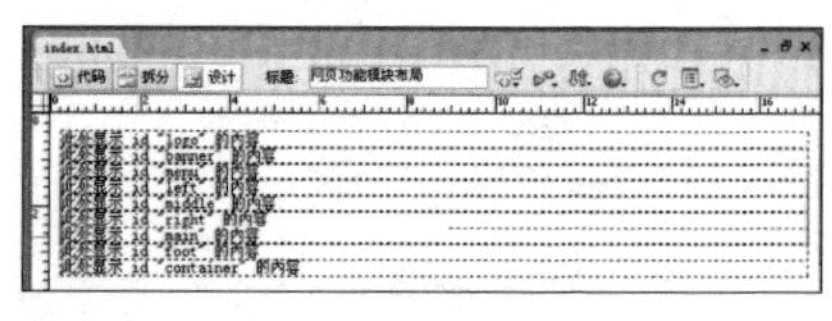

图2—26

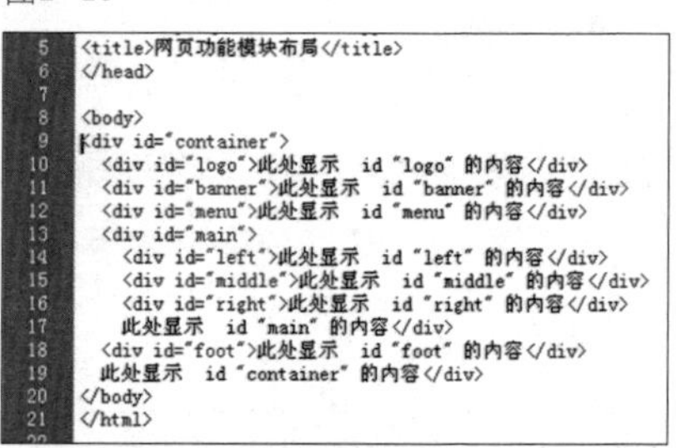

<title>网页功能模块布局</title>
</head>
<body>
<div id="container">
<div id="logo">此处显示 id "logo" 的内容</div>
<div id="banner">此处显示 id "banner" 的内容</div>
<div id="menu">此处显示 id "menu" 的内容</div>
<div id="main">
<div id="left">此处显示 id "left" 的内容</div>
<div id="middle">此处显示 id "middle" 的内容</div>
<div id="right">此处显示 id "right" 的内容</div>
此处显示 id "main" 的内容</div>
<div id="foot">此处显示 id "foot" 的内容</div>
此处显示 id "container" 的内容</div>
</body>
</html>

图2—27

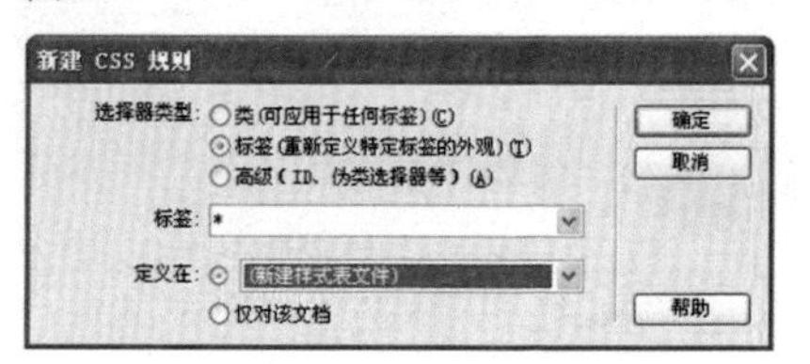

图2—28

图2—29

题 标题：网页功能模块布局 ，→执行“文件” →“保存”命令（或使用快捷键：Ctrl+S）保存页面。图2–26展示页面的Div布局效果，图2–27展示页面中Div布局代码。

> 悄悄话：
>
> 在使用Div布局操作时，如果是Div（层）中插入Div（层）应选择
>
> 
>
>
> 另外，在制作网页过程中应随时保存，可使用快捷方式：Ctrl+S。

用Div对页面布局，控制了网页的结构。用CSS控制网页的表现（视觉样态），真正做到结构与表现分离。

单击“CSS样式”面板上的“新建CSS规则”按钮，弹出“新建CSS规则”对话框，在“选择器类型”选项组中选择“标签（重新定义特定标签的外观）”单选按钮，在“标签”下拉列表框中输入“*”，在“定义在”选项中选择“新建样式表文件”，如图2–28所示。→确定→弹出“保存样式表文件为”对话框，将新建的样式表保存为CSS.css，如图2–29所示。

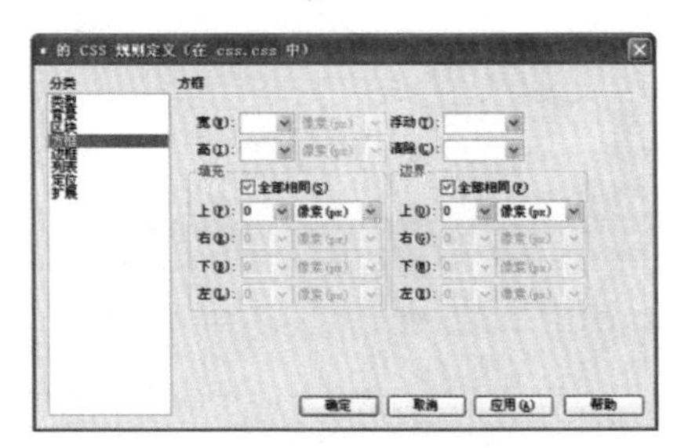

图2–30

图2–31

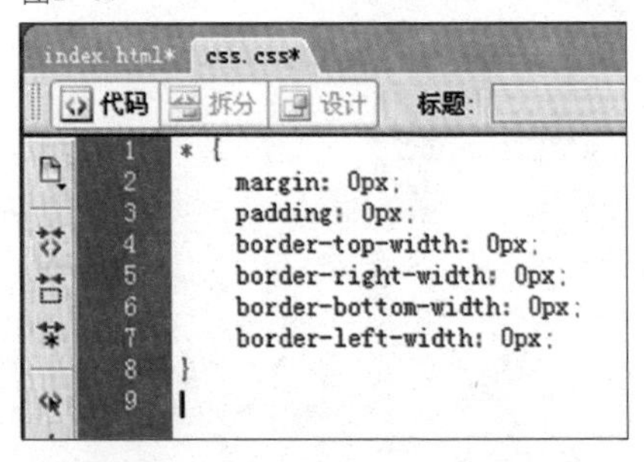

图2–32

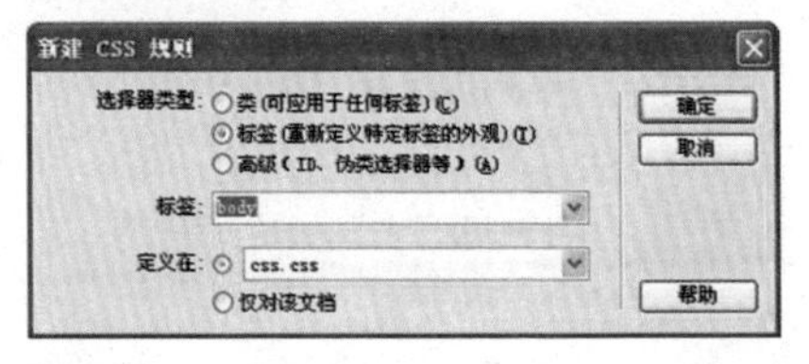

图2–33

悄悄话：

“*”全称为CSS样式表的通配选择符，表示所有对象，包含所有不同id标签不同class标签的XHTML的所有标签。如果使用通配选择符进行样式定义，则页面中所有的对象都会遵循通配选择符中定义的样式表现。

→保存→在“分类”列表中→方框→设置“填充”和“边界”为0，如图2-30所示。→在“分类”列表中→边框→设置“宽度”为0，如图2-31所示。

→确定，完成“*的CSS规则定义”对话框的设置，Dreamweaver会自动打开刚刚新建的外部样式表文件CSS.css。刚刚定义的CSS样式表代码如图2-32所示。

悄悄话：

CSS样式表遵循“就近生效”的原则，开始时我们定义了通用属性，但后面有的标签属性与此不同，没关系，需要定义时再定义就可以了。

单击“CSS样式”面板上的“新建CSS规则”按钮，弹出“新建CSS规则”对话框，在“选择器类型”选项组中选择“标签（重新定义特定标签的外观）”单选按钮，在“标签”下拉列表中选择body标签，在“定义在”选项

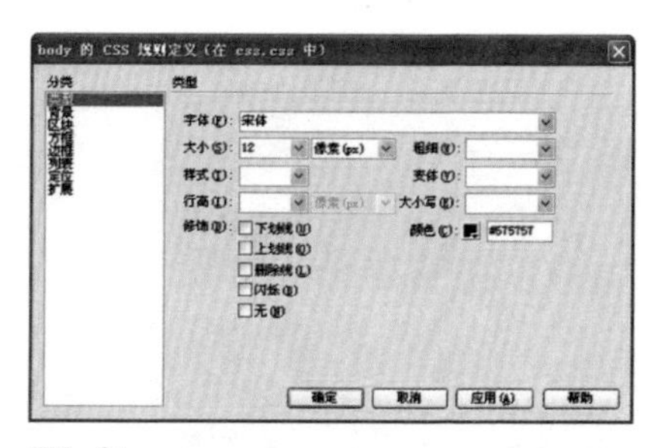

图2-34

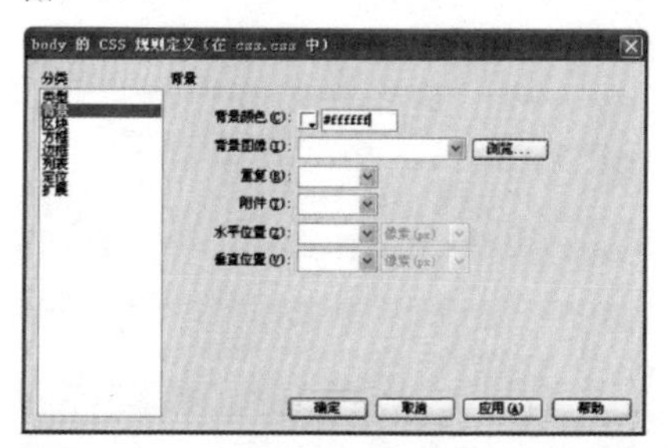

图2-35

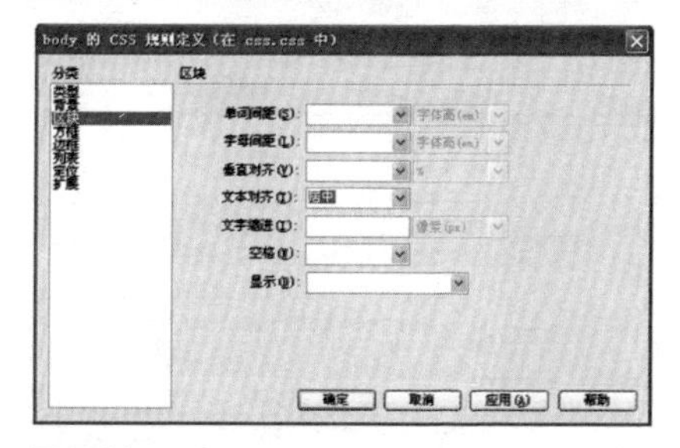

图2-36

```
 9  body {
10      font-family: "宋体";
11      font-size: 12px;
12      color: #575757;
13      background-color: #ffffff;
14      text-align: center;
15  }
```

图2-37

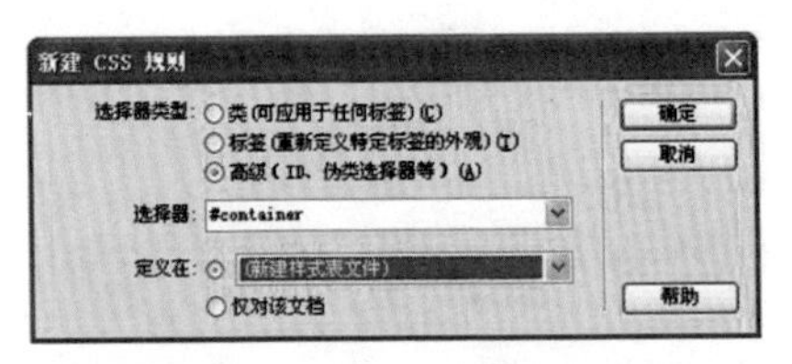

图2—38

图2—39

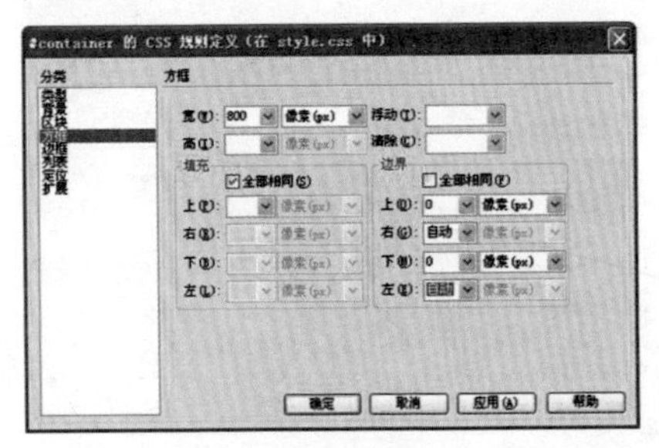

图2—40

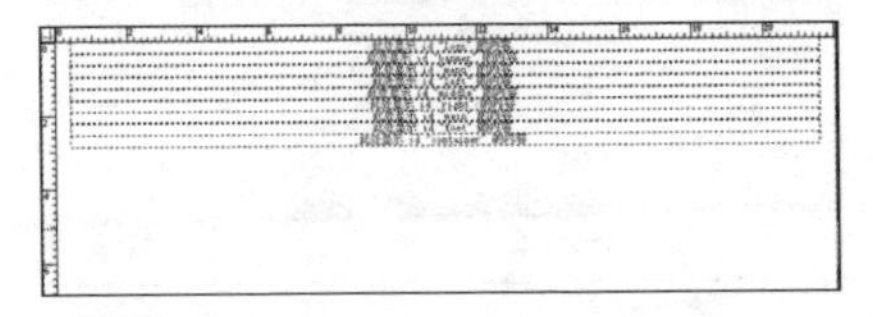

图2—41

中选择刚刚定义的样式表"CSS.css"文件，如图2—33所示。→确定→对弹出的"body的CSS规则定义"进行参数设置，如图2—34～图2—36所示。→应用→确定。刚刚定义的CSS样式表代码如图2—37所示。

> 悄悄话：
>
> 在body的CSS样式定义中设置了"文本对齐"为"居中"，在IE6和IE5.X浏览器中，所有元素都会居中，但在其他浏览器中只有文字居中。

将光标置于设计视图"此处显示id"container"的内容"处，单击"CSS样式"面板上的"新建CSS规则"按钮，弹出"新建CSS规则"对话框，在"选择器类型"选项组中选择"高级(ID、伪类选择器等)"单选按钮，在"选择器"下拉列表框中选择#container，在"定义在"选项中选择"新建样式表文件"，如图2—38所示。→确定→弹出"保存样式表文件为"对话框，将新建的样式表保存为style.css，如图2—39所示。

→保存→对弹出的"#container的CSS规则定义"进行参数设置，如图2—40所示。→应用→确定。页面效果如图2—41所示。

悄悄话：

刚才我们所定义的样式表#container对应的就是代码视图中的ID为container的层，即<div id="container">此处显示id "container"的内容</div>，这就是内容结构与表现的分离。

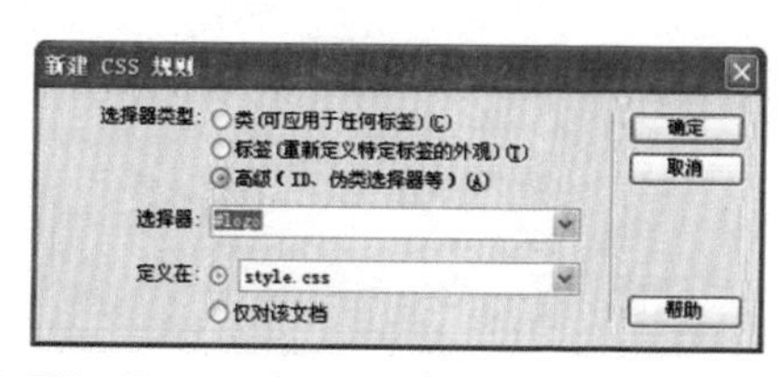

图2—42

将光标置于设计视图“此处显示id"logo"的内容”处，→单击“CSS样式”面板上的“新建CSS规则”按钮，弹出“新建CSS规则”对话框，在“选择器类型”选项组中选择“高级（ID、伪类选择器等）”单选按钮，在“选择器”下拉列表框中选择#logo，在“定义在”选项中选择刚刚定义的样式表“style.css”文件，如图2—42所示。→确定→对弹出的“#logo的CSS规则定义”进行参数设置，如图2—43、2—44所示。→确定。页面效果如图2—45所示。

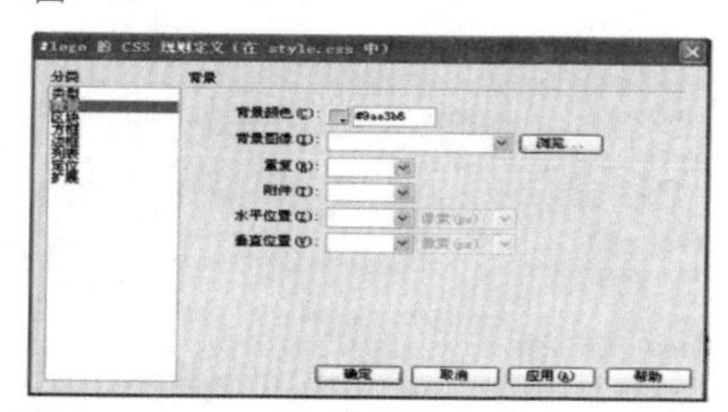

图2—43

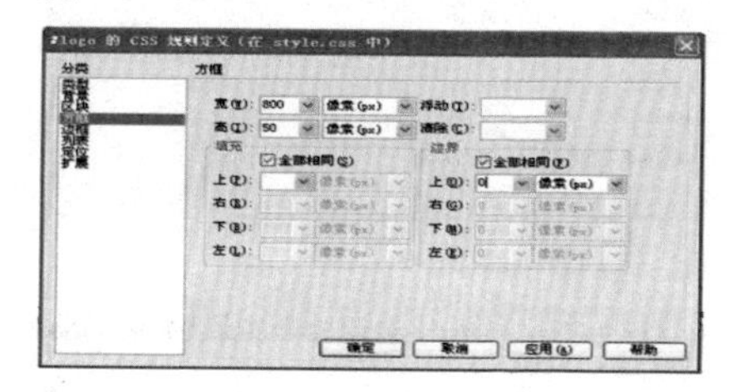

图2—44

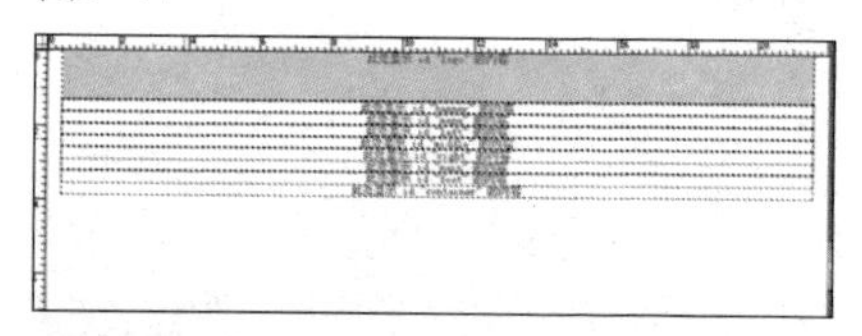
图2—45

将光标置于设计视图“此处显示id"banner"的内容”处，→单击“CSS样式”面板上的“新建CSS规则”按钮，弹出“新建CSS规则”对话框，在“选择器类型”选项组中选择“高级（ID、伪类选择器等）”单选按钮，在“选择器”下拉列表框中

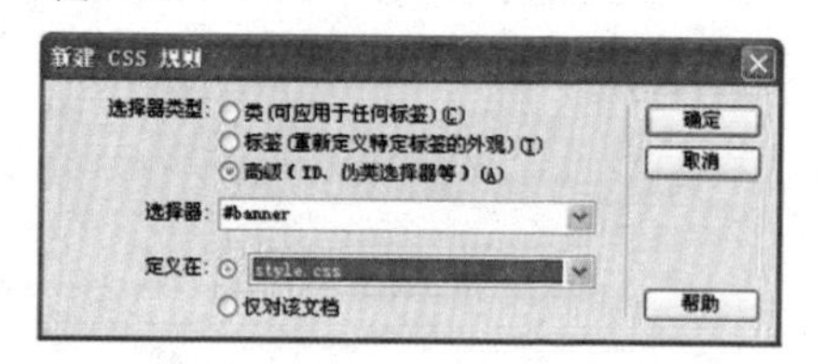

图2—46

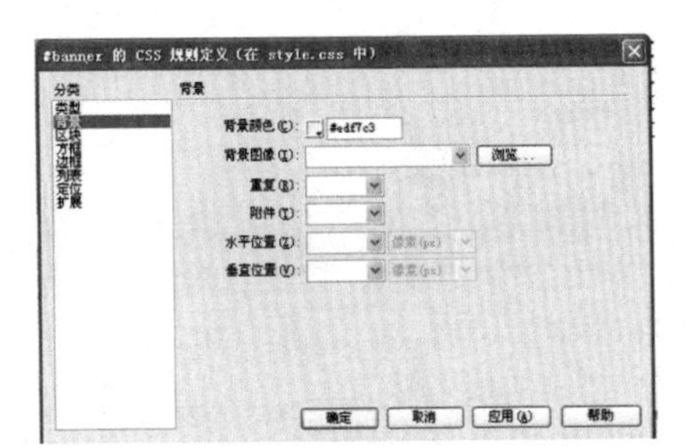

图2—47

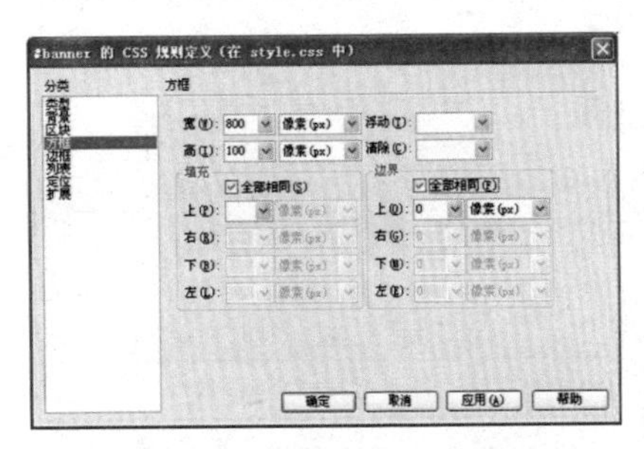

图2—48

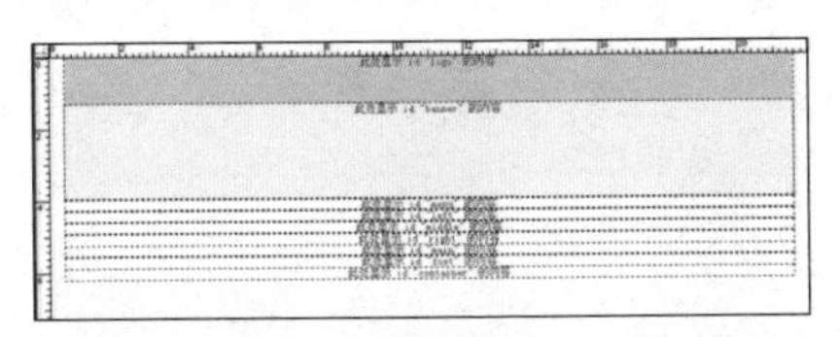

图2—49

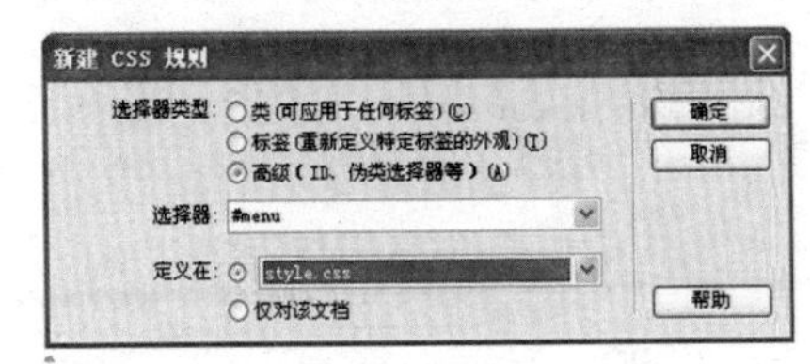

图2—50

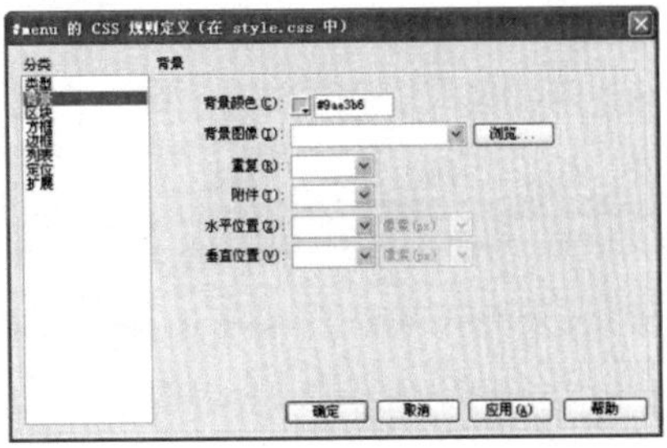

图2—51

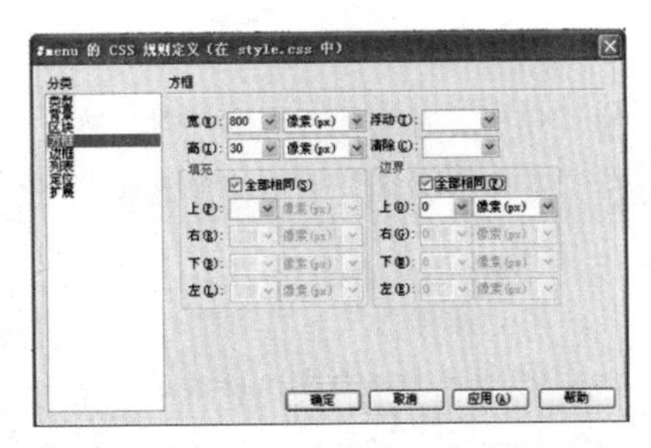

图2—52

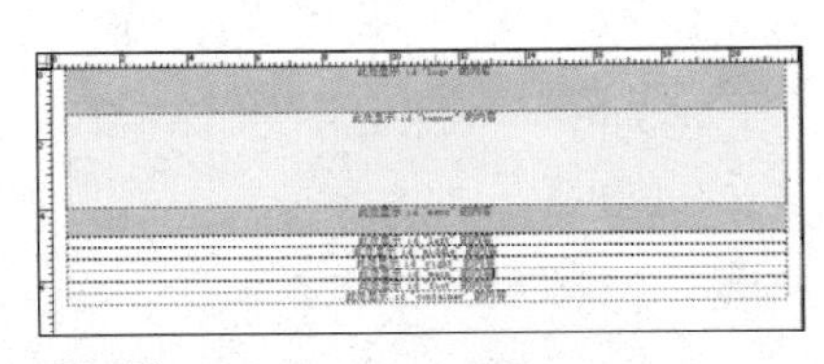

图2—53

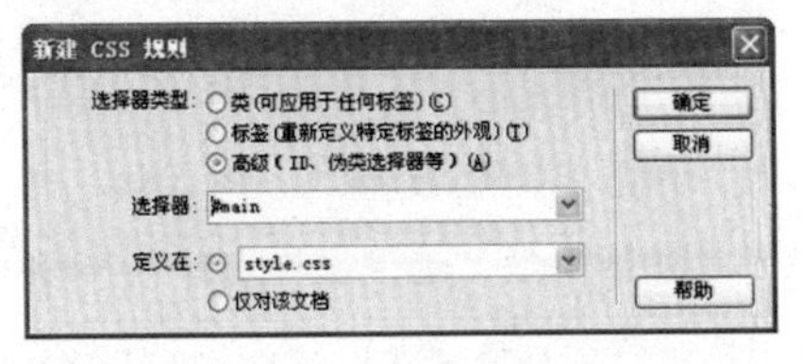

图2—54

选择#banner，在“定义在”选项中选择刚刚定义的样式表“style.css”文件，如图2-46所示。→确定→对弹出的“#banner的CSS规则定义”进行参数设置，如图2-47、2-48所示。→应用→确定。页面效果如图2-49所示。

将光标置于设计视图“此处显示id"menu"的内容”处，→单击“CSS样式”面板上的“新建CSS规则”按钮 ，弹出“新建CSS规则”对话框，在“选择器类型”选项组中选择“高级（ID、伪类选择器等）”单选按钮，在“选择器”下拉列表框中选择#menu，在“定义在”选项中选择刚刚定义的样式表“style.css”文件，如图2-50所示。→确定→对弹出的“#menu的CSS规则定义”进行参数设置，如图2-51、2-52所示。→应用→确定。页面效果如图2-53所示。

将光标置于设计视图“此处显示id"main"的内容”处，→单击“CSS样式”面板上的“新建CSS规则”按钮 ，弹出“新建CSS规则”对话框，在“选择器类型”选项组中选择“高级（ID、伪类选择器等）”单选按钮，在

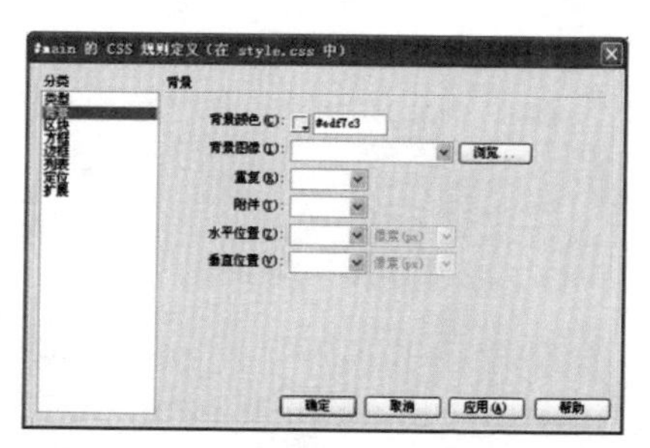

图2-55

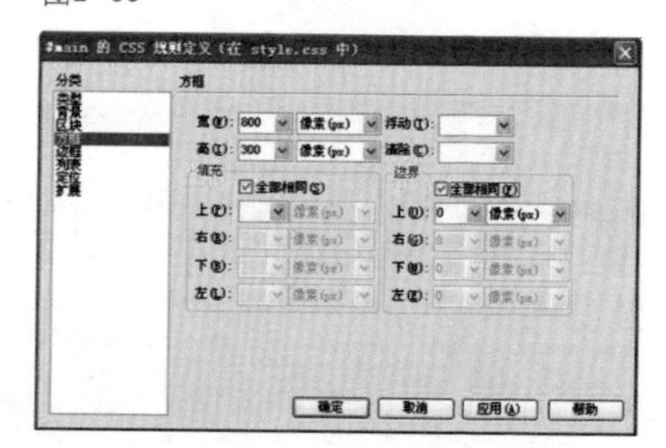

图2-56

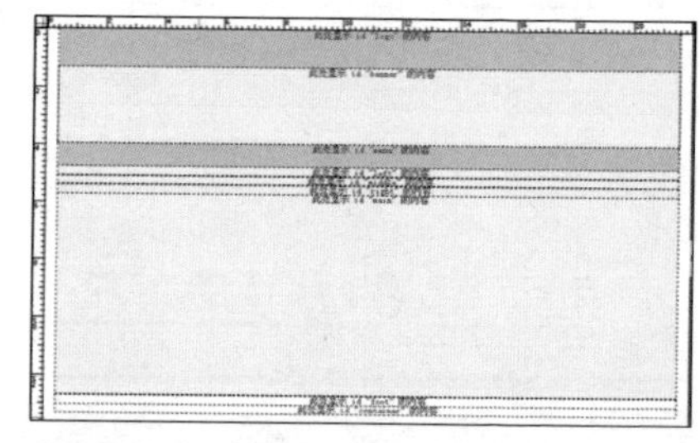
图2-57

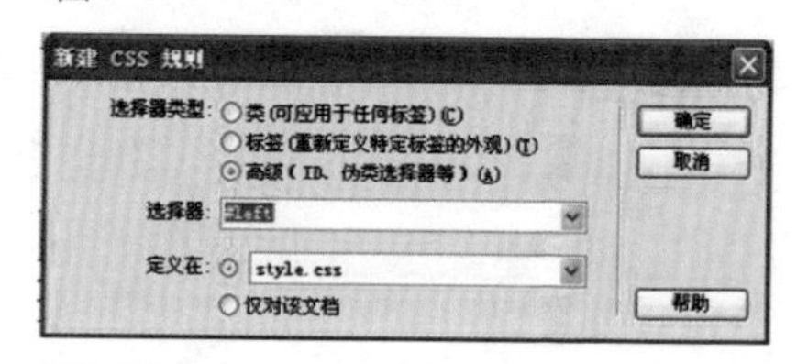

图2-58

“选择器”下拉列表框中选择#main，在“定义在”选项中选择刚刚定义的样式表“style.css”文件，如图2–54所示。→确定→对弹出的“#main的CSS规则定义”进行参数设置，如图2–55、2–56所示。→应用→确定。页面效果如图2–57所示。

将光标置于设计视图“此处显示id"left"的内容”处，→单击“CSS样式”面板上的“新建CSS规则”按钮🗋，弹出“新建CSS规则”对话框，在“选择器类型”选项组中选择“高级（ID、伪类选择器等）”单选按钮，在“选择器”下拉列表框中选择#left，在“定义在”选项中选择刚刚定义的样式表“style.css”文件，如图2–58所示。→确定→对弹出的“#left的CSS规则定义”进行参数设置，如图2–59、2–60所示。→应用→确定。页面效果如图2–61所示。

将光标置于设计视图“此处显示id"middle"的内容”处，→单击“CSS样式”面板上的“新建CSS规则”按钮🗋，弹出“新建CSS规则”对话框，在“选择器类型”选项组中选择

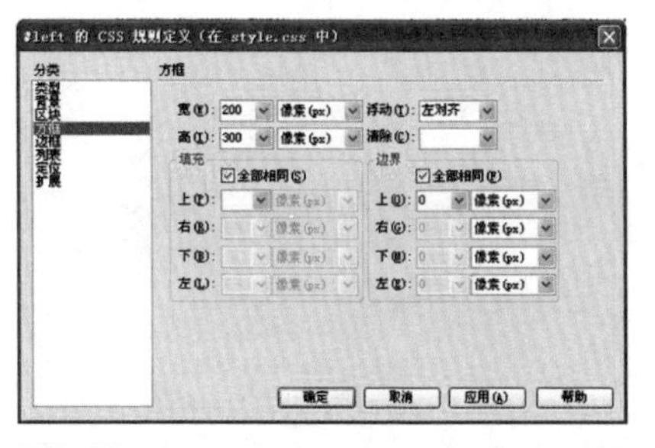

图2–59

图2–60

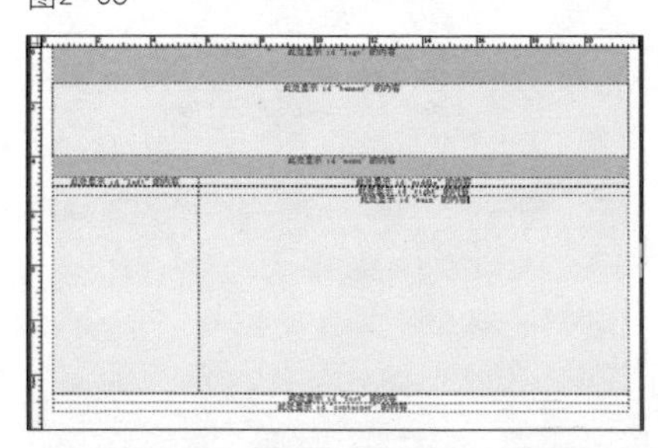
图2–61

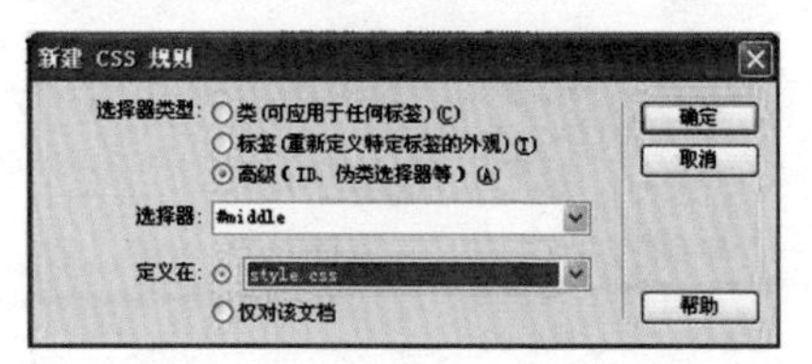

图2–62

“高级（ID、伪类选择器等）”单选按钮，在“选择器”下拉列表框中选择#middle，在“定义在”选项中选择刚刚定义的样式表“style.css”文件，如图2-62所示，→确定→对弹出的“#middle的CSS规则定义”进行参数设置，如图2-63、2-64所示，→应用→确定。页面效果如图2-65所示。

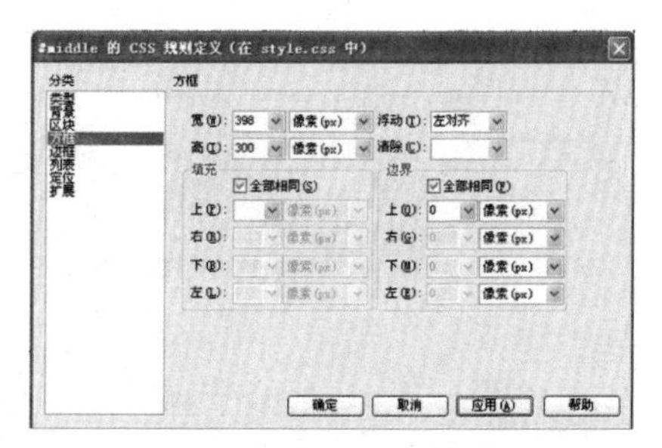

图2-63

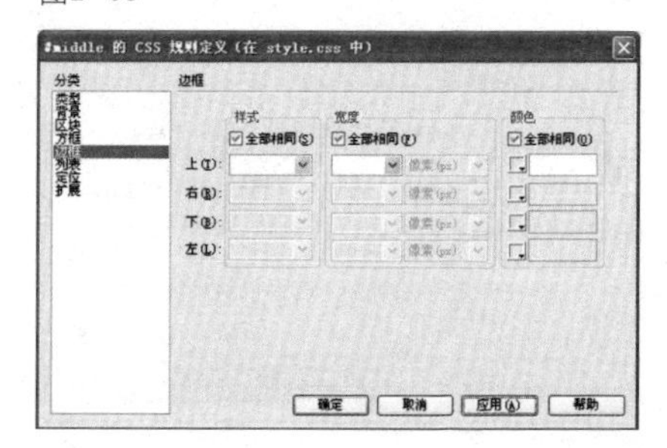

图2-64

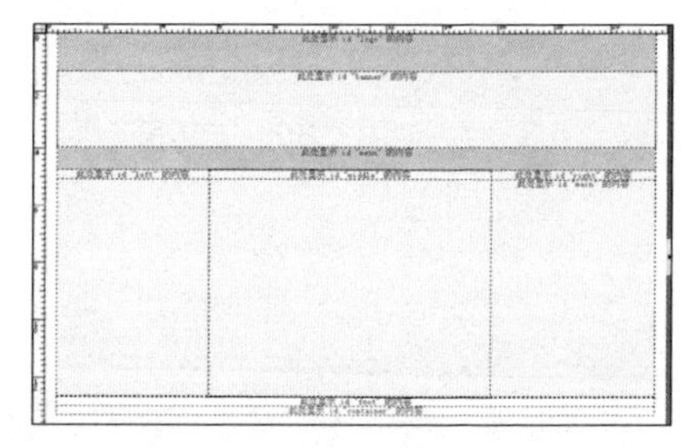

图2-65

将光标置于设计视图“此处显示id"right"的内容”处，→单击“CSS样式”面板上的“新建CSS规则”按钮，弹出“新建CSS规则”对话框，在“选择器类型”选项组中选择“高级（ID、伪类选择器等）”单选按钮，在“选择器”下拉列表框中选择#right，在“定义在”选项中选择刚刚定义的样式表“style.css”文件，如图2-66所示。→确定→对弹出的“#right的CSS规则定义”进行参数设置，如图2-67、2-68所示，→应用→确定。页面效果如图2-69所示。

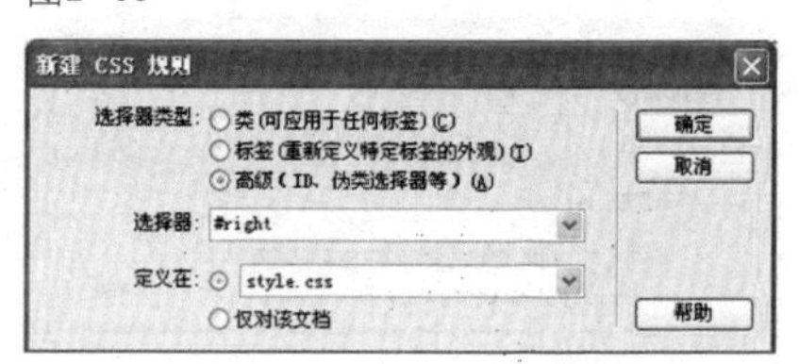

图2-66

将光标置于设计视图“此处显示id"foot"的内容”处，→单击“CSS样式”面板上的“新建CSS规则”按钮，弹出“新建CSS规则”对话框，在

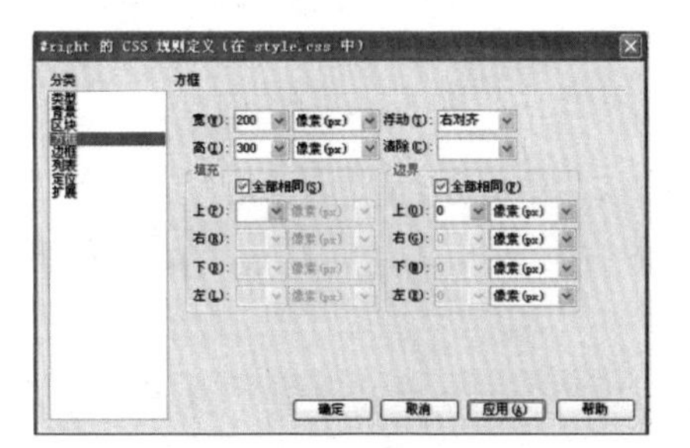

图2–67

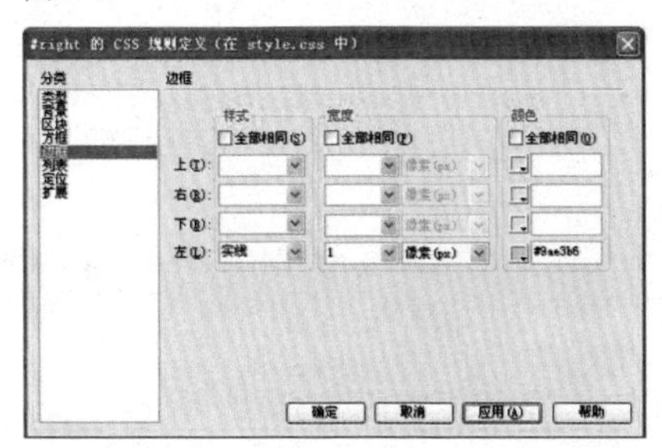

图2–68

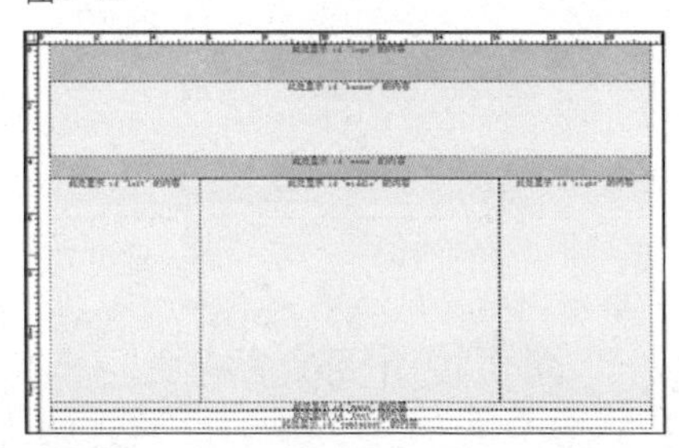

图2–69

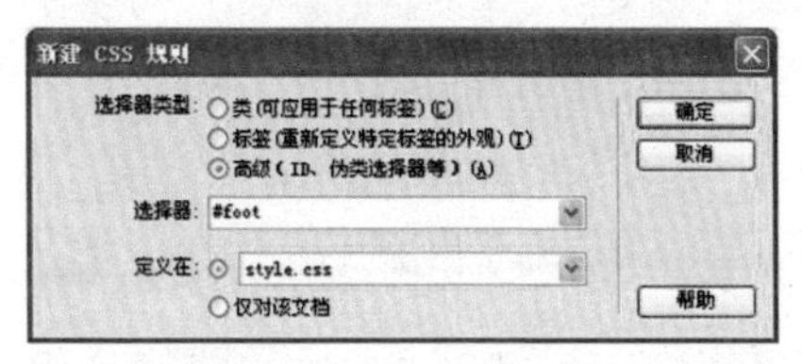

图2–70

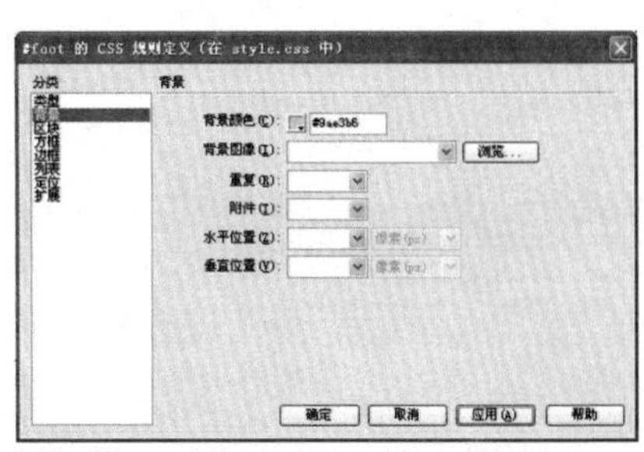

图2–71

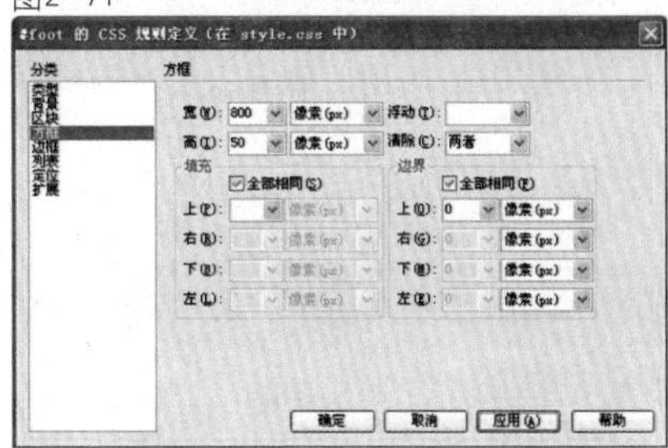

图2–72

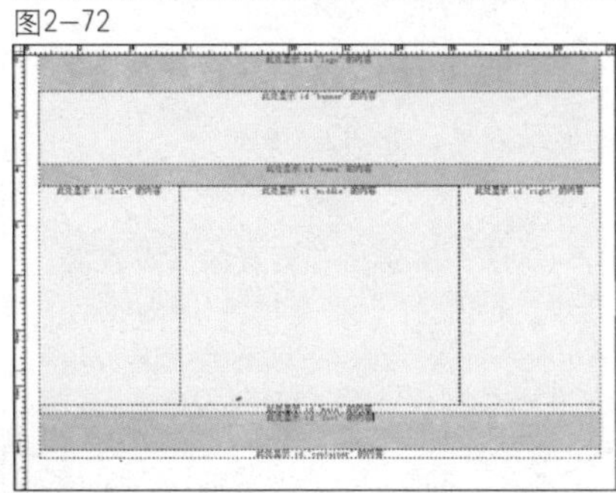

图2–73

```
10  <body>
11  <div id="container">
12    <div id="logo">此处显示  id "logo" 的内容</div>
13    <div id="banner">此处显示  id "banner" 的内容</div>
14    <div id="menu">此处显示  id "menu" 的内容</div>
15    <div id="main">
16      <div id="left">此处显示  id "left" 的内容</div>
17      <div id="middle">此处显示  id "middle" 的内容</div>
18      <div id="right">此处显示  id "right" 的内容</div>
19    </div>
20    <div id="foot">此处显示  id "foot" 的内容</div>
21  </div>
22  </body>
```

图2–74

“选择器类型”选项组中选择“高级（ID、伪类选择器等）”单选按钮，在“选择器”下拉列表框中选择#foot，在“定义在”选项中选择刚刚定义的样式表“style.css”文件，如图2–70所示。→确定→对弹出的“#foot的CSS规则定义”进行参数设置，如图2–71、2–72所示，→应用→确定。页面效果如图2–73所示。

展开代码视图，对代码进行整理，去除无用代码→刷新，整理后的代码如图2–74所示。

完成的页面效果如图2–75所示。

→点击F12，观察网页在浏览器中的显示效果，如图2–76所示。

悄悄话：

为了节省空间和网页的下载速度，尽量简约代码。为此我们将"leftcontent、middlecontent、rightcontent"简约成"left、middle、right"，"copyright"简约成"foot"。

我们使用DIV+CSS布局，完成了“网页功能模块的制作”。虽然制作成功了，但是，知其然，并非知其所以然，没关系，慢慢来。在下一章里我会详解“DIV”和“CSS”。

课堂作业：建立新站点，制作网页的基本架构。

知识点：网站结构的规范性，网页布局与表现的分离（div+css）。

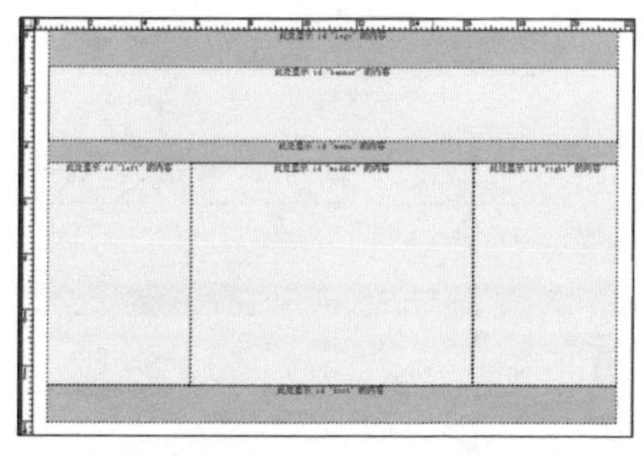

图2–75

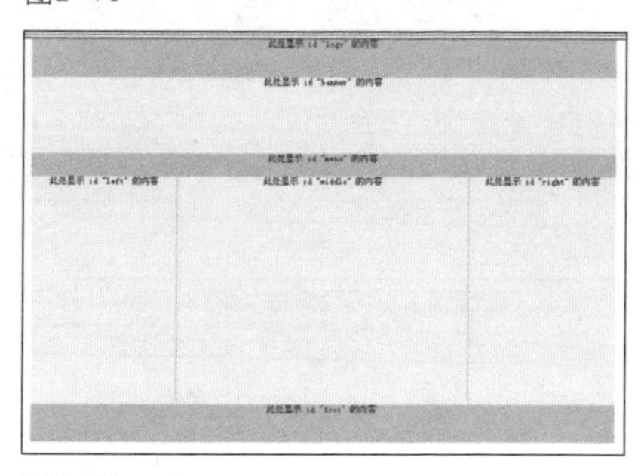

图2–76

2.5 网页视听元素解析

网络由多个网站构成，网站又由多级网页组成，网页则由若干视听元素集成。如果用形态构成学原理解析网页，网页的架构则为构成元素，网页的视听元素则为形态元素。网页的视听元素如下：文字、图形、图像、色彩、动画、音频、视频、交互物件。网页的形态元素与传统的视传形态元素有着本质的共性，但又有本质的特性。

（1）网页显示终端不确定性，传输方式无限性、无线性，显示方式为电子屏幕样态，而且尺寸各异，浏览器多样性也造成同一网页显示效果差异性。

（2）网页显示要求速度性，显示终端样式造型都是方框形，网络传输受带宽影响，长时间浏览网页又会造成视觉疲劳。

（3）对用户体验的导引性、交互性，页面跳转的准确性。

综上所述，网页视听元素本身的特性要求必须有自己的标准和规范。

文字设置

在视觉层面上，文字给人以准确的指要性，明明白白地表明了语意。文字是构成网页的主体元素。

在艺术层面上，文字水平、垂直、大小排列构成的点、线、面、体，更彰显了文字版式的魅力。

在技术层面上，文字的使用极大地受技术环境的制约，浏览器显示文字时是严格遵守CSS声明而运作，它包含的属性有字体样式、字号、色彩、行高等，其显示的字体为本机的系统字体。由于不同的计算机安装的字体和浏览器不同，一旦浏览者的计算机没有安装某种字体，浏览器显示时就会用其他字体进行取代，这样你制作的网页显示效果就会出现偏差，甚至混乱。因此要想正确显示文本字体，必须采用计算机的系统字体，也就是我们常说的Windows系统自带的字库（中文和西文）。如果我们想彰显字体的个性魅力，最好的办法是将文字图形化，但这样会增大网页文件量，影响下载浏览速度，不可大面积使用。

图形图像设置

在视觉层面上，图形图像给人以强烈的记忆符号，甚至概括地反映出网站的内容，可以不识他国文字，但图形图像有着人类共同认知的属性。

在艺术层面上，巧妙地运用图形图像可以美化网页的页面效果，升级网页的艺术价值，吸引浏览者的关注。图形图像和文字结合布局可活跃页面的气氛，加大了信息传播的质量和数量，提高信息传播的效率。

在技术层面上，图形图像的文件量和质量严格受到带宽和浏览速度的制约，因此在网页中使用图形图像把握住一个基本原则，即能够满足浏览的视觉效果就可以了，不可盲目过大地使用图形图像，可以根据内容的需要确定使用矢量图形还是位图图像。

网页中常用的图形图像格式及优化处理

由于网络传输和载体的数码技术特性，网页中使用的图形图像和印刷出版用的图形图像有着本质的区别。在网页中应用图形图像的目的不同，图形图像的格式也不同。在网页中使用图形图像必须根据需要进行优化和处理。

（1）网页图像的最佳分辨率

网页终端显示器的分辨率多为96dpi或72dpi，因此网页图像的最佳分辨率应设置为96dpi，低于该标准则影响网页图像的显示效果，高于该标准不但不会提高显示质量，反而会增大文件量，影响网页的下载速度。

（2）文件量和质量控制

首先在满足图像显示效果的前提下，尽量压缩图像的文件量以免影响网页的下载速度，把握好质量和文件量的平衡，尽量设置成失真小而压缩比较大的图像。例如，在生成JPEG图像时，常规选择压缩质量在7～9之间的数值。

（3）文件格式的选择

图像文件格式的选择和图像应用的目的直接关联。常规下，图像的色彩数目及变化较少时多选用GIF格式；在制作色彩变化丰富的图像时多采用JPEG格式；而需要背景透明的图像时多选用PNG格式。PNG格式虽然优于GIF和JPEG，但对带宽有一定的要求并对旧的浏览器版本不兼容。如果需要将位图转换成矢量图（SWF），可使用Flash软件完成。

网页色彩设置

在视觉层面上，网页色彩能够提高信息浏览的速度和分类的准确性。能够缩短对信息理解的时间，相比字形和字体变化而言更能提高理解的准确度。这也充分表达了色彩在信息传达过程中的情感优势。

在艺术层面上，优秀的网页设计色彩对浏览者是一种视觉享受。生动、活泼、和谐、清晰的色彩关系可达到视觉传达的有效性。优秀的网页色彩会引发人们在物理上、生理上、心理上对网页作品的价值判断。在网页设计中准确应用色彩不仅具有美学价值，更有信息传播的商业价值。

在技术层面上，网页色彩靠计算机的软件和硬件支撑。由于不同的操作系统使用不同的系统调色板，而不同的浏览器作为前端应用程序时也使用它们各自的调色板，当遇到不同调色板上的颜色时，会自动抖动（DITHER）用最接近的颜色代替，常常会出现严重的色差现象，甚至会改变网页设计的原始效果。因此，建议制作网页时使用“网络安全色”（Websafe Color）。实践证明它能保证在所有软件系统中正确显示色彩，缺点是色彩数量太少（只有216色）。因此，网页色彩在设计时就应注意效果与技术的关系。(如何使用“网络安全色”会在后面章节中讲述)

网络动画设置

在视觉层面上，网络动画给人以强烈的眼球关注，特别是交互式的可控动画更是其他媒体所不能，这也是网络广告能够存活的根本。

在艺术层面上，网络动画使静态页面产生动态韵律，增强了网站的魅力，真正做到了媒体表现的动静可控，使网络的视觉空间达到了多维，但网页中插入的动画多少应以不引起视觉疲劳为原则。

在技术层面上，网络动画特别是镶嵌在网页中的动画严格地受着带宽和计算机软硬件的制约，例如：下载的速度、播放的流畅性、终端显示的不确定性等。

网络中常用的动画格式有SWF、GIF。SWF动画是使用Flash软件制作的流技术的矢量动画，具有高清晰度的画质和小巧的文件体积。特别是其交互特质，能够大量应用于Web页面进行多媒体演示与设计。GIF动画是像素图像动画，通过若干变化的256色位图图像隔一定的时间连续播放产生动画效果，属于逐帧动画，常被用在手机、掌上游戏机上面，在网页中也大量地被运用，如图标、旗帜广告等。

网络音频与视频

在视觉和听觉层面上，网络中的音

频与视频为网页增加了传达的锐度与势场，特别是视频影像会使信息的真实性得到肯定，尤其是新闻事件的视音频快速上传及大众传播的无限制性，更加使得网页“爆眼球”。

在艺术层面上，音画流畅的自由下载与播放使得网页的魅力光芒四射。受众在浏览过程中身心得到极大的满足。

在技术层面上，不断升级的网络技术和播放载体软硬件更新，更使得音频视频种类得到不断的延展。特别是更新的速度和频率，往往使得网页制作人无法适应，因此，关于网页中使用的音频和视频格式就不在此介绍了，以免你学到的是已被淘汰的技术。

第三章
Web标准与CSS布局详析

Web标准在业内逐渐普及后，成功应用于网站重构的案例很多。Web标准的核心是将网页的内容与表现分离，同时要求HTML文档必须具备良好的结构。为此我们必须下大决心“忍痛割爱”抛弃传统的表格（table）布局方式，采用DIV布局，并且使用CSS层叠样式表来实现页面的外观，这样才能做到网页结构与视觉样态的真正分离。

3.1 Web标准的构成及发展

Web标准，即一系列标准的组合，是基于XHTML语言的网站设计语言。在网站的架构设计与应用模式为“DIV+CSS”。

随着Web技术的升级，其标准的规范更加趋向整体和结构化。可以这样理解，所谓标准其实就是结构与表现分离。结构和表现分离后，可以很方便地用CSS文档来控制网页的表现。

结构（Structure）、表现（Presentation）和行为（Behavior）是网页的三大组成部分。

结构化标准语言主要包括XHTML和XML。

表现标准语言主要包括CSS。

行为标准主要包括对象模型如W3CDOM、ECMAScript等。

以上三大组成部分标准的详细内容本书就不介绍了，读者可以阅读相关的书籍。

Web标准的核心是结构和表现分离，由于结构使用DIV布局，表现使用CSS控制，这样做的目的是为了方便网站的建立与管理，更重要的是对网站的访问者有益处。

1.更快地下载与显示。

2.访问用户的增加（包括失明、视弱、色盲等残障人士）。

3.显示终端的多样性（屏幕阅读机、手持设备、搜索机器人、打印机、电冰箱等）。

4.用户能够通过样式选择定制自己的表现界面。

5.所有的页面都提供适用于打印的版本。

6.更少的代码和组件，方便维护。

7.带宽要求降低（代码更加简洁），成本降低。

8.方便搜索引擎的搜索。

9.改版方便，不需要变动页面内容。

10.增强了网站的易用性。

3.2 HTML的基本语法

HTML文件由HTML元素构成。元素则是由HTML标签（tags）定义。HTML文件是一种超文本标记语言，它包含了很多标签，而这些标签的声明指挥了浏览器对网页的显示。

从结构上讲，HTML文件由元素（element）组成，组成HTML文件的元素有多种，用于组织文件的内容和指导文件的输出格式。绝大多数元素是“容器”，即它有起始标记和结尾标记。

绝大多数元素有着起始标签和结束标签，在起始标签和结束标签之间的部分是元素体，例如<body>…</body>。其实，起始标签和结束标签的单词是一样的，不同的是结束标签的单词前加“/”而已。每一个元素都有名称和可选择的属性，元素的名称和属性都在起始标签内标明。

下面就让我们来认识一下HTML的常用标记。

3.2.1 文件结构标记

常用该类标记标出文件的结构，主要有：

<html>…</html>：html文件的起始和结束标记。

<head>…</head>：文件的标题区标记。

<body>…</body>：文件的主体区标记。

3.2.2 区段格式标记

常用该类标记标出html文件中的某个区段文字，以特定的格式显示，增强文件的可读性。主要有：

<title>…</title>：网页标题标记。

<hi>…</hi>：i=1，2，…，6，网页中文本标题标记。

<hr>：水平线标记。

：换行标记。

<p>…</p>：文件段落标记。

<address>…</address>：标注联络人姓名、电话、地址等信息标记。

<blockquote>…</blockquote>：区块引用标记。

3.2.3 字符格式标记

常用该类标记改变网页文字的外观，增加文件视觉的艺术效果。主要有：

<b>…</b>：粗体字标记。

<i>…</i>：斜体字标记。

<tt>…</tt>：打字体标记。

<font>…</font>：改变字体位置标记。

<center>…</center>：居中对齐标记。

<blink>…</blink>：文字闪烁标记。

<big>…</big>：加大字号标记。

<small>…</small>：缩小字号标记。

<cite>…</cite>：参照标记。

3.2.4 列表标记

常用该类标记标注列表文件，主要有：

<ul>…</ul>：无序列表标记。

<ol>…</ol>：有序列表标记。

<li>…</li>：列表项目标记。

<dl>…</dl>：定义式列表标记。

<dd>…</dd>：定义项目标记。

<dt>…</dt>：定义项目标记。

<dir>…</dir>：目录式列表标记。

<menu>…</menu>：菜单式列表标记。

3.2.5 链接标记

超级链接是html超文本文件的命脉。html通过链接标记整合分散在世界各地的图像、文件、影像、音乐等信息，该类标记主要用来标示超文本文件的链接，主要有：

<a>…</a>：建立超级链接标记。

3.2.6 多媒体标记

常用该类标记显示图像数据，主要有：

<img>：嵌入图像标记。

<embed>：嵌入多媒体对象标记。

<bgsound>：背景音乐标记。

3.2.7 表格标记

常用该类标记制作表格，主要有：

<table>…</table>：定义表格区段标记。

<caption>…</caption>：表格标题标记。

<th>…</th>：表头标记。

<tr>…</tr>：表格行标记。

<td>…</td>：表格单元格标记。

3.2.8 表单标记

常用该类标记制作交互式表单，主要有：

<form>…</form>：表明表单区段的开始与结束标记。

<input>：产生单行文本框、单选按钮、复选框等标记。

<textarea>…</textarea>：产生多行输入文本框标记。

<select>…</select>:表明下拉列表的开始与结束标记。

<option>…</option>:在下拉列表中产生一个选择项目的标记。

3.2.9 层标记

层称为定位标记，它不像超级链接或者表格具有实际意义，其作用就是设定文字表格等摆放位置，说它的作用就是定位也不为过。早期的浏览器对CSS层叠样式表支持得不理想，层的作用被忽略了。现如今浏览器对样式表支持的力度越来越大，层定位的作用也明显提高。特别是对内容与表现的分离更是事半功倍。

层标签的基本语法是：<div>层中的内容</div>。

3.3 CSS的语法结构

随着浏览器对CSS层叠样式表支持力度的加大，DIV定位功能的准确和应用方便，选择符是CSS控制网页文档中对象的一种方式，它的声明告诉浏览器这段样式将应用到哪个对象及怎样显示。这一节将着重解析CSS的语法结构。

3.3.1 CSS属性与选择符

CSS的语法仅仅由3部分组成：选择符(Selector)、属性 (Property) 和值 (Value)。使用方法：Selector {Property：value；}。

选择符(Selector)：指这组样式编码所要针对的对象，可以是个标签，如body、h1，也可以是定义了特定ID或Class的标签，如#main选择符表示选择<div id="main">，即一个名称为main的ID的对象。浏览器将对CSS选择符进行严格的解析，每一组样式均会被应用到对应的对象上。

属性(Property)：是CSS控制的核心，对于第一个超文本文件中的标签，CSS都提供了丰富的样式属性，如颜色、大小、定位、浮动方式等。

值（Value）：是指属性的值，形式有两种，一种是指定范围的值，如Float属性，只可能应用left、right和none三个值；另一种为数值，如width能够使用0～9999px，或用其他单位来指定。

在实际应用中，我们往往使用以下类似的应用形式。

```
body {background-color：#FFFFFF；}
```

该应用形式表示选择符为body，即选择了页面中<body>的标签，属性为background-color，这个属性用来控制背景的颜色，值为#FFFFFF。页面中的body对象的背景颜色通过使用这组CSS编码被定义为白色。

除了单个的属性定义外，还可以为一个标签定义一个，甚至更多个属性的定义，每个属性之间使用分号隔开，例如：

```
br {
text-align：center；
color：#000000；
font-family：宋体；
}
```

br标签被指定了3个样式属性，包含对齐方式、文字颜色及字体。同样，一个ID或一个Class都能通过相同的方式编写样式，例如：

```
#main {
```

```
text-align: center;
color: #000000;
font-family: 宋体;
}
.font01 {line-height: 25px;
color: #000000;
font-family: 宋体;
}
```

3.3.2　ID及Class选择符

ID选择符及Class选择符均是CSS提供的由用户自定义标签名称的一种选择符模式。用户可以使用ID及Class对页面中标签进行名称自定义，从而达到扩展标签和组合标签的目的。比如对于文件中的h1标签而言，如果使用ID进行选择，那么<h1 id="p1">及<h1 id="p2">对于CSS来讲是两个不同的元素，从而达到了扩展的目的。用户自定义名称的方式也有助于用户细化自身的界面结构，使用符合页面需求的名称来进行结构设计，增强代码的可读性。

1.ID选择符

ID选择符是根据DOM文档对象模型原理所出现的选择符类型。对于网页而言，其中的每一个标签，均可以使用ID=""形式对ID属性进行一个名称的指派。ID可以理解为一个标识。在网页中每个ID的名称只能使用一次。

例如，在文件中指定的一个DIV标签，ID名称为main，代码如下：

```
<div id="main"></div>
```

在CSS样式表中，ID选择符使用“#”符号进行标示，如果需要对ID为main的标签设置样式表，可以使用如下的格式来书写。

```
#main {
font-size: 14px;
line-height: 20px;
}
```

ID的基本作用是对每一个页面中唯一出现的元素进行定义，如可以为导航条命名为menu，对网页的头部和底部命名为top和bottom。类似如此的元素在页面中均出现一次。使用ID进行命名具有唯一性的指派含义，有助于代码的阅读与使用。

2.Class选择符

如果说ID是对于标准的扩展的话，

那么Class应该是对多个标签的一种组合。Class直译为类或类别。对于网页设计而言，我们可以针对网页文件标签使用一个class=""的形式对Class属性进行名称指派。与ID不同的是，Class允许重复使用，如页面中的多个元素都可以使用同一个Class定义，例如：

```
<div class="font1"></div>
<p class="font1"></div>
<h1 class="font1"></div>
```

使用Class的好处是，对于不同的标签，CSS可以直接根据Class名称来进行样式表指派，例如：

```
.font1 {
 margin:10px;
 background-color:#000000;
}
```

Class在CSS中使用符号“.”加上Class名称的形式，如上所示，对Class为font1的对象进行了样式定义。页面中所有使用了class="font1"的标签均使用此样式进行设置。Class选择符也是CSS代码重要性的良好体现，众多标签可以使用同一个Class来进行样式应用，不再需要编写每个样式表代码，省时省力省空间。

3.3.3 类型选择符

类似body{}便是一个类性选择符。它是指以网页中已有的标签类型作为名称的选择符。body是网页中的一个标签类型，div、span也是，所以下面代码中的都是类型选择符，而它们将控制页面中的body、div或span，例如：

```
body{}
div{}
span{}
```

3.3.4 群组选择符

除了对单个对象进行样式指定外，还可以对一组对象的相同样式进行定义，例如：

```
h1、h2、h3、p、span {
font-size：12px；
font-family：宋体；
}
```

使用逗号对选择符进行分割，使得页面中所有的h1、h2、h3、p、span都具有相同的样式定义。这样做的好处是，对于页面中需要使用相同样式的地方只需要使用一次样式表即可实现，减少了代码量，优化了代码的结构。

3.3.5 包含选择符

当我们仅仅想对某一个对象中的子对象进行样式定义时，包含选择符就被派上了用场。包含选择符指选择符组合中前一个对象包含后一个对象，对象之间使用空格作为分隔符。例如下面的CSS样式表代码，对ID名为main的对象中的li子对象进行了样式定义。

```
#main li {
line-height: 25px;
font-size: 12px;
font-family: 宋体;
}
```

最后应用的格式如下：

```
<div id="main">
<ul>
  <li>abc</li>
  <li>def</li>
  <li>hgh</li>
</ul>
</div>
```

这样做能够帮助我们避免过多的ID及Class的设置，直接对所需设置的元素进行设置。包含选择符除了可以包含两者，也可以多级包含，如以下选择符同样可以使用。

```
body p br span {
font-weight: bold;
}
```

3.3.6 组合选择符

对于所有CSS选择符而言，无论什么样的选择符，均可以进行组合使用。

```
p .font1 {}
```

表示p标签下的所有class为font1的标签。

```
#main p {}
```

表示ID为main的标签下的所有p标签。

```
p .font1、#main p {}
```

表示以上二者进行群组选择。

CSS选择符在使用上非常自由，根据页面需求，可以灵活使用各种选择符进行组合。

3.3.7 标签指定选择符

如果既想使用记或Class，也想同时使用标签选择符，可以使用如下格式：

```
p#main {}
```

表示针对所有记为main的p标签。

```
p.font1{}
```

表示针对所有Class为font1的p标签。

标签指定选择符在对标签选择的精度上介于标签选择符及ID和Class选择符之间，也是经常使用的选择符形式。

3.3.8 伪类及伪类对象

伪类及伪类对象是一种特殊的类和对象。它由CSS自动支持，属于CSS的一种扩展类型和对象，名称不能被用户自定义，使用时只能按标准格式进行应用。它能自动地被支持CSS的浏览器所识别。伪类用于区别不同种类的元素（例如，visited links（已访问的链接）和active links（已激活的链接）描述了两个定位锚（anchors）的类型）。伪对象指元素的一部分，例如段落的第一个字母。代码形式如下：

```
a:hover {
background-color: #575757;
}
```

3.3.9 通配选择符

通配是指使用字符替代不确定的字，如在dos命令中，使用“*.*”表示所有文件。因此，所谓通配选择符，就是反映我们对对象可以使用模糊指定的方式进行选择。CSS的通配选择符使用“*”作为关键字，使用方法如下：

```
*{
font-size: 12px;
font-family: 宋体;
}
```

“*”号表示所有对象，包含所有不同ID不同Class的所有标签。使用上面的选择符进行样式定义，页面中的所有对象都会使用通配选择符中定义的样式。

3.4 CSS在网页中的应用

在网页设计中我们可以灵活方便地应用多种方式的CSS样式表，选择和应用何种方式取决于我们设计的需求。

3.4.1 内部样式表

所谓的内部样式表，是指将CSS样式表统一地放置在页面中一个固定的位置，代码如下：

```
<!DOCTYPE html PUBLIC "-//W3C//DTD XHTML 1.0 Transitional//EN" "http://www.w3.org/TR/xhtml1/DTD/xhtml1-transitional.dtd">
<html xmlns="http://www.w3.org/1999/xhtml">
<head>
<meta http-equiv="Content-Type" content="text/html; charset=utf-8"/>
<title>内部样式表</title>
<style type="text/css">
#top {
width: 300px;
height: 100px;
background-color: #000066;
}
</style>
</head>
<body>
<div id="top"></div>
</body>
</html>
```

CSS样式表作为页面中的独立部分，由<style></style>标签标记在<head></head>之间。内部样式表是CSS样式表的初级应用形式，它只对当前的页面有效，不能跨页面应用，因此达不到CSS代码重用的目的。在实际的大型网站开发中，必须使用外部样式表的形式。

3.4.2 外部样式表

外部样式表是CSS样式表应用中最合理的一种形式。将CSS样式表代码单独编写在一个独立文件之中，由网页进行调用，多个网页可以调用同一个外部样式表文件，因此能够实现代码的最大化重用及网站文件的最优化配置。代码如下：

```
<!DOCTYPE html PUBLIC "-//W3C//DTD XHTML 1.0 Transitional//EN" "http://www.
```

```
w3.org/TR/xhtml1/DTD/xhtml1-transitional.dtd" >
<html xmlns="http://www.w3.org/1999/xhtml">
<head>
<meta http-equiv="Content-Type"content="text/html; charset=utf-8"/>
<title>外部样式表</title>
<link href="样式表/style.css" rel="stylesheet"type="text/css" />
</head>
<body>
<div id="top"></div>
</body>
</html>
```

从上面的代码中我们能够看到，在<head>标签中我们使用了<link>标签，并且将link指定为stylesheet样式表方式，并使用href="样式表/style.css"指明外部样式表文件路径，我们只需要将样式单独编写在style.css文件中，便可以使该页面应用在style.css文件中所定义的样式。

外部样式表在页面中应用的主要目的在于实现良好的网站文件管理及样式管理，分离式的结构有助于合理地划分表现与内容。

3.4.3 内嵌样式表

内嵌样式表是指将CSS样式表书写在网页文件的标签之中，其格式如下：

```
<p style="font-family：宋体；font-size：12px；color：#575757；">文本内容</p>
```

内嵌样式表是由网页文件中的元素的style属性所支持，我们只需要将CSS样式表的代码用“；”隔开书写在style=""之中便可以完成对当前标签的样式定义，是CSS样式定义的一种基本形式。

内嵌样式表仅仅是一种样式表的编制方式，它不符合表现与内容分离的设计模式。使用内嵌式样式表与表格式布局从代码结构上来分析完全相同，它只不过是利用了CSS对于元素的精确控制特性，而对于表现与分离的模式而言无实际意义，因此这种书写方式尽量少用，但它确实是存在的一种CSS样式表的最基本书写方式。

课堂作业：默写div、Class、p、img样式表代码。

知识点：类、标签、div各自的特点和应用的意义。

悄悄话：

本章所解析的内容，读者如果不进行实践就理解不透，不要怕，在后面的案例设计与制作中会带着大家进行实践。

网页设计参考图例

PROJECT:43
P:001
P:002
P:003
P:004
43
EXPLANATION
CONTACT
PREVIOUS

TARGET
giftregistries giftcard giftsearch wishlist
Fisher-Price
Tickle Me Elmo Surprise
sale

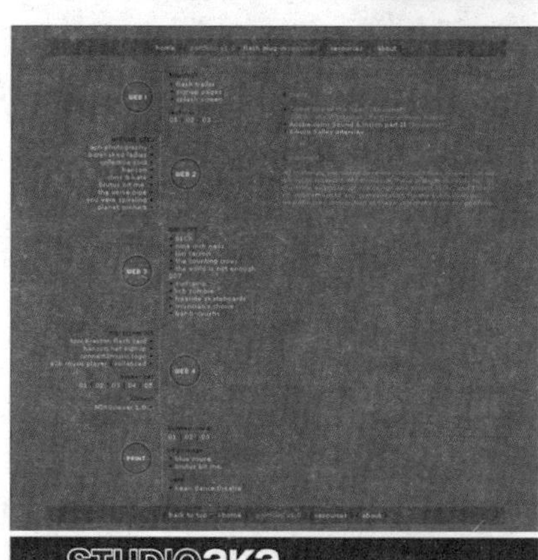

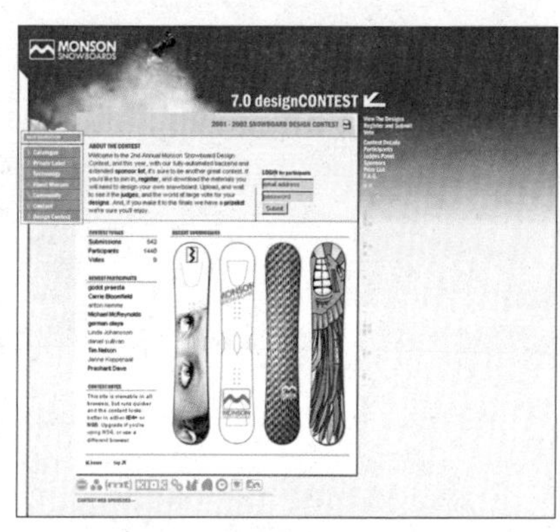

MONSON SNOWBOARDS
7.0 designCONTEST
2001 - 2002 SNOWBOARD DESIGN CONTEST

STUDIOaka
No 30 BERWICK STREET LONDON W1F 8RH
TEL 44 (0) 20 7434 3581
FAX 44 (0) 20 7434 3581
click for shockwave site
click for html site

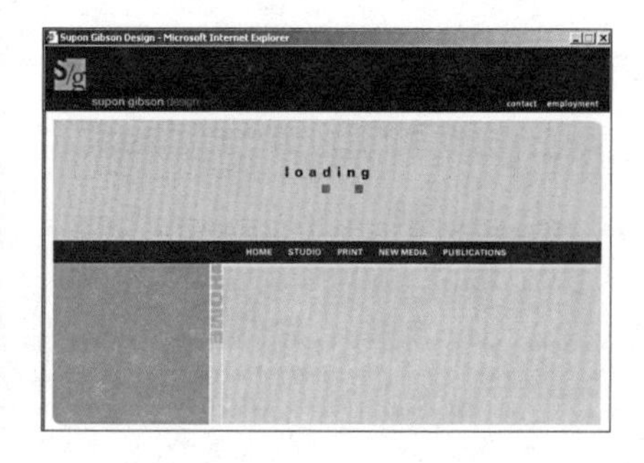

Supon Gibson Design - Microsoft Internet Explorer
supon gibson design
contact employment
loading
HOME STUDIO PRINT NEW MEDIA PUBLICATIONS
HOME

第四章

网页架构与CSS

4.1 网页架构原理

网页设计是典型的数码艺术的表现样态，网页制作是典型的数码技术的应用形式，是艺术与技术巧妙结合的交互空间的视觉载体。网页设计需要科学的规划和有序的流程，因此搞清楚网页架构的原理是网页设计师最基本的要求。

其实网页架构的原理非常简单，随着浏览器对CSS支持力度的加大及浏览器开发技术的升级，网页由过去的表格架构演变成当今的表现（页面结构）与内容分离，这不仅仅是技术的升级，更是网页设计的革命。

其实，网页架构的原理就是DIV+CSS的布局模式。DIV是网页文件中指定的专门用于布局设计的容器对象（架构设计），CSS用来制作样式表，样式表的样式指定其内容的表现。这样规划和制作就完全做到了表现与内容的分离。

4.2 网页架构设计的原则

我们知道，在印刷媒体设计中会将视觉元素（文字、图形、图像、色彩）使用平面构成的原理，巧妙地组合在一起（艺术的、技术的），形成视觉传达的载体。这种构成方式就是载体的架构。它的架构设计原则：视觉传达信息。

网页设计的架构原则也是如此。它是将网页的诸多构成元素（文字、图形、图像、色彩、视频、动画、图表、表单、声音）在网页浏览器中有效地组织起来。不同的是网页是交互载体，网页显示的终端是电子显示屏幕，传输依赖于网络。特别是无线传输技术的完善，显示终端尺寸的多样及浏览器的兼容性等，还有怎样保证网页制作的视觉样态（本地显示终端）和浏览器显示的一致性，所以网页设计的架构更强调其技术原则。

网页架构的技术原则如下：

1.更新与修改方便的原则。

2.表现与内容分离的原则。

3.代码简洁准确的原则。

4.视觉元素优化（满足浏览器显示的前提下）的原则。

5.与W3C组织发布的标准同步的

原则。

6.艺术时尚技术完善的原则。

7.浏览与交互方便的原则。

8.浏览器兼容的原则。

> 悄悄话：
>
> 原则是死的、是基本的，应用必须灵活。下一节通过案例带领大家对以上的理论知识逐步地进行实践。

4.3 CSS网页架构设计与实践（案例）

4.3.1 一列固定宽度样式

网页架构最简单最基础的模式是一列架构布局。一列式的架构布局其实就是一个固定宽度的布局。下面就是代码和显示样式。如图4–1所示。

```
<div id="main">一列固定宽度布局</div>
```

在这里我们使用了DIV进行架构布局，并使用了main作为ID名称，架构成功了。随后在CSS中编写CSS样式表控制main的表现。

```
#main {
background-color：# FFFF99；
height：200px；
width：300px；
border：2px solid #333333；
}
```

为了方便查看显示效果，我们将main的背景设置了颜色。使用了代码

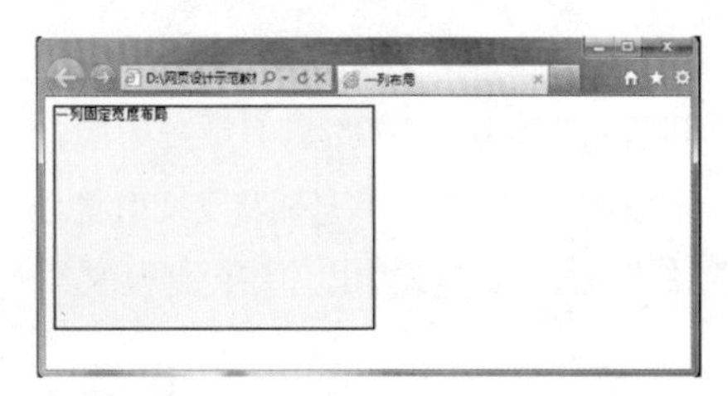

图4–1

“background-color：#FFFF99;”，边框也设置了颜色和宽度，使用了代码“border：2px solid #333333；”。

因为是固定宽度的架构，我们设置了宽和高的尺寸属性，代码“width：300px；”“height：200px；”。

DIV在默认的状态下，它的宽度占据整行空间，即显示器的屏宽。在这里我们设置了宽度属性（width:300px;），那么当前的DIV的宽度则为300px。

4.3.2 一列宽度自适应样式

网页架构的自适应模式可以使得网页的宽度自动适合浏览器的窗口大小。是一种非常灵活的架构布局形式。这种布局方式使网页对于不同分辨率的显示器能够提供最佳的显示效果。我们说过DIV在默认状态下占据的是整行空间，其实就是宽度为100%的自适应布局。下面这个例子，我们只需将宽度由固定值改为百分比值就完成了。代码如下：

```
#main {
background-color：#FFFF99；
height：200px；
width：80%；
border：2px solid #333333；
}
```

CSS用数值作为参数的样式属性大部分都提供百分比值，宽度（width）属性更是如此。我们将它的宽度值改为80%，显示时DIV的宽度已变为浏览器宽度的80%了；如果我们扩大或缩小浏览器的窗口大小，那么网页还将维持在浏览器当前宽度比例的80%，这也是自适应宽度的一个优势。如图4-2所示。

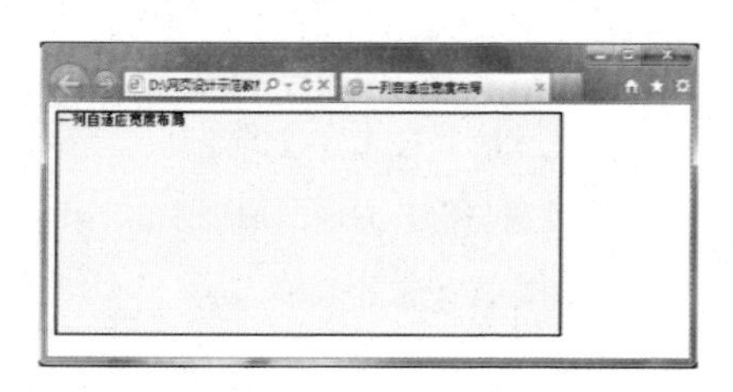

图4-2

4.3.3 一列固定宽度居中样式

网页居中架构样式布局是网页设计中比较常见的一种模式。我们只需使用CSS样式表的方法就可以实现网页居中对齐。代码如下：

```
#main {
background-color：#FFFFCC；
height：200px；
width：300px；
border：2px solid #333333；
margin：0px auto；
}
```

margin属性是用来控制对象上、下、左、右4个方向的外边距。如果margin使用两个参数时，第一个参数表示上下边距，第二个参数表示左右边距。margin除了支持数值外还支持一个叫auto的属性，auto值会使浏览器自动判断边距。下面这个例子就将DIV的左右边距设置成auto，浏览器就会自动将DIV左右边距设置相等，达到了居中效果。如图4-3所示。

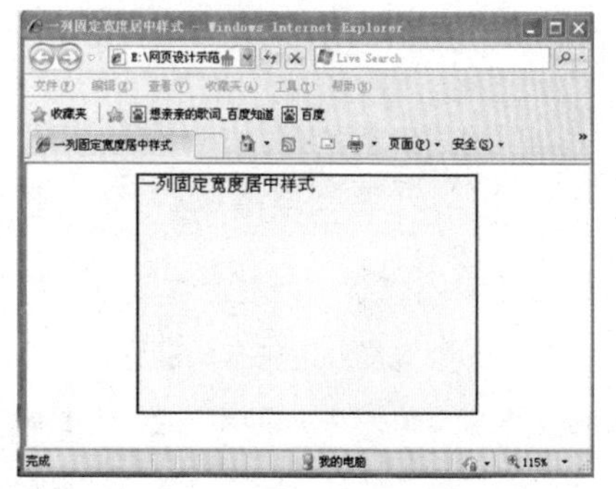

图4-3

4.3.4 二列固定宽度样式

在一列固定宽度的基础上，二列固定宽度布局就非常方便了。首先我们需要插入两个DIV作为网页的架构。代码如下：

```
<div id="left">左侧div</div>
<div id="right">右侧div</div>
```

在这里我们分别为两个DIV命名为left和right，随后为这两个DIV编制CSS样式表，控制它们在水平行中并排显示。代码如下：

```
#left {
background-color：#FFFFCC；
float：left；
height：200px；
width：300px；
border：2px solid #333333；
}
#right {
background-color：#FFFFCC；
height：200px；
width：300px；
float：left；
border：2px solid #333333；
}
```

我们注意到left和right两个DIV的代码与前面的类似，不同的是我们增加了浮动代码（float）。浮动属性是CSS架构定位非常重要的属性，主要用于控制对象浮动位置。在网页设计中大部分DIV的定位都是靠float来实现的。

float的参数有none、left、right。使用none值对象不浮动，使用left值对象向左浮动，使用right值对象向右浮动。在本例中的DIV使用了“foalt:left;”的CSS代码，所以对象都定位到了左侧，反之如果使用

“foalt:right;”，那么对象就会定位到右侧。如图4-4所示。

悄悄话：

记住：浮动（float）是网页设计与制作灵魂级别的属性。

浮动（foalt）是CSS架构布局非常强大的功能，也是解开CSS布局的密匙。在CSS中任何元素都可以用浮动方式进行定位显示。

浮动是一种非常先进的布局方式，它能够改变页面中对象的流动顺序，这样做的优点会使页面的内容排版变得简洁，并且具有良好的伸缩性。例如右分栏布局，左栏宽度为300px，如果我们使用一种相对的布局方式，可以使右栏显示在左边300px的位置，这样右栏就可以贴左栏显示。

在网页设计过程中经常会改动，例如left的宽度由300px改为100px，这就意味着right的定位需要重新设置。而我们使用了浮动的定位方式，当我们制定了左栏的浮动为left，那么右栏的内容就会流入到左栏的右边，而且能够根据左栏的宽度，自动流入并贴至左栏，贴近的程度由左栏的右边距或右栏的左边距控制，不需要依赖对象的本身宽度值。浮动式布局使得页面的大部分内容都可以由浏览器来自动调试之间的关系，使我们能够把精力用于样式设计而不用关注其相互之间的浮动关系。

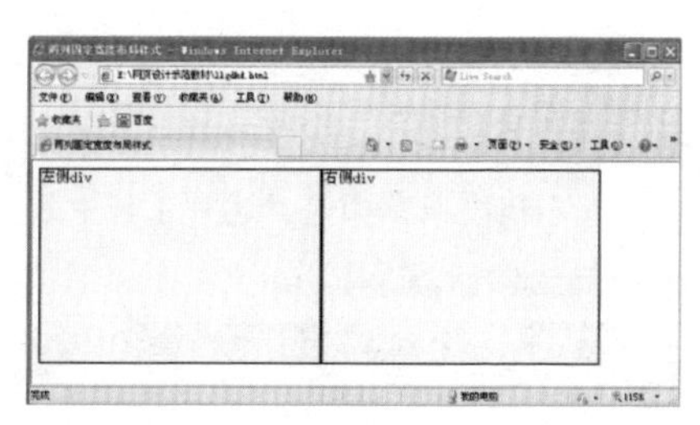

图4-4

4.3.5 二列宽度自适应样式

我们搞懂了一列宽度自适应架构布局，二列宽度自适应布局也是设置百分比的宽度值。将上个例子的CSS重新定义，二列宽度自适应架构布局就完成了。代码如下：

```
#left {
background-color: #FFFF99;
float: left;
height: 200px;
width: 20%;
border: 2px solid #333333;
}
#right {
background-color: #FFFF99;
height: 200px;
width: 70%;
float: left;
```

```
border：2px solid #333333；
}
```

左栏宽度值设置为20%，右栏宽度值设置为70%，这种网页架构布局经常出现。往往左边为导航栏，右边是网页的内容。显示效果如图4-5所示。

图4-5

那么为什么左右栏之和不是100%呢？其实这个问题很简单，左右栏都使用了border这个属性，而且都是2px粗细的线框。在CSS架构布局中，一个对象的宽度=对象本身宽度+边框宽度+对象左右外边距+对象内边距。在实际应用中可以采取取消边框（border）和外边距的方式填满浏览器的窗口。关于宽度的计算问题，是CSS架构布局中盒子模型（box）的重要知识点。在后面的案例实践中会逐步得到解答。

4.3.6 二列右列宽度自适应样式

在网页的设计中，往往需要左栏固定宽度，右栏根据浏览器的窗口宽度自动调整适应。在CSS架构布局中，完成这样的布局是很简单的。左栏宽度值固定，右栏不设置任何宽度值和浮动。代码如下：

```
#left {
background-color：#FFFF99；
float：left；
height：200px；
width：100px；
border：2px solid #333333；
}
#right {
background-color：#FFFF99；
height：200px；
float：none；
border：2px solid #333333；
}
```

左栏固定为100px宽，右栏则根据浏览器窗口自动适应，显示效果如图4-6所示。举一反三，二列左列宽度自

图4-6

适应也是如此。

4.3.7 二列固定宽度居中样式

如果想要达到二列宽度居中的架构布局，必须首先使一个DIV容器居中，然后再在其中嵌套两个分栏的DIV。代码如下：

```
<div id="main">
<div id="left">左侧div</div>
<div id="right">右侧div</div>
</div>
```

将分栏的两个DIV装入一ID为main的DIV容器之中。必须为<div id="mian">编写CSS样式代码“width：608px；margin：0px auto；”，这样做mian容器首先居中了。代码如下：

```
#main {
width：608px；
margin：0px auto；
}
```

现在为两个分栏编写CSS样式代码。代码如下：

```
#left {
background-color：#FFFFCC；
float：left；
height：200px；
width:300px；
border：2px solid #333333；
}
#right {
background-color：#FFFFCC；
float：left；
height：200px；
width：300px；
border：2px solid #333333；
}
```

注意main的宽度计算方法：main宽度=300+4+300+4。效果显示如图4-7所示。

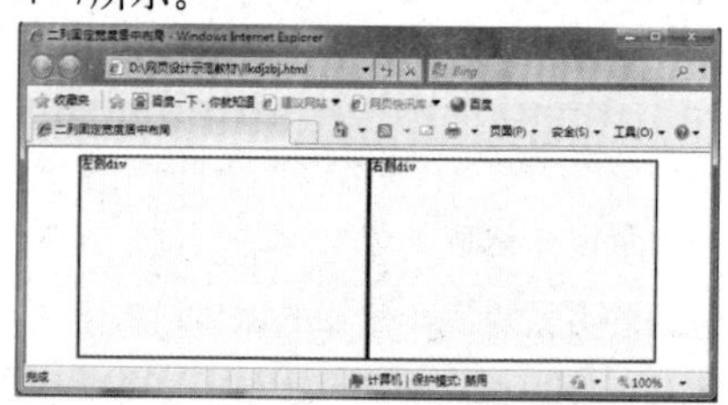

图4-7

4.3.8 三列浮动中间列宽度自适应样式

首先让我们来了解一下position（定位）属性用于设置对象的定位

方式，可用的值有static（静态）、absolute（绝对）、relative（相对）。

使用浮动定位方式，可以完成一列二列多列固定宽度的布局定位，还有自适应宽度及三列固定宽度定位。如果我们需要设计网页三列布局，但要求中间栏目宽度自适应左栏宽度及右栏宽度的变化，那么使用浮动（float）属性和百分比属性就无法完成。就目前而言CSS还做不到百分比的计算，精确到考虑左栏和右栏的占位，如果让中间栏使用100%自适应宽度的话，它是以浏览器窗口的宽度完成自适应的，而不是左栏和右栏之间的宽度。这样就给我们提出了新的知识点。

下面我们来学习绝对定位方式（absolute）。对于页面中每个对象而言，默认position属性都是static。浮动定位方式主要由浏览器根据对象的内容自动进行浮动方向的调整。设置对象为position:absolute，对象将根据整个页面的位置定位。使用此属性时，可以使用top、right、bottom、left，即上、右、下、左四个方向的距离属性值来准确地确定对象的具体位置。代码如下：

```
#main {
position：absolute；
left：0px；
top：20px；
width：600px；
}
```

因为main使用“position：absolute；”，变成了绝对定位方式，“top:20px；left：0px；”main将永远与浏览器上边保持20px的距离，与左边保持0px的距离。如下例：

```
<div id="main">
<div id="left">左侧div</div>
<div id="center">中间div</div>
<div id="right">右侧div</div>
</div>
```

首先使用绝对定位，控制左栏与右栏的位置。代码如下：

```
#left {
background-color：#FFFFCC；
height：200px；
width：100px；
border：2px solid #333333；
left：0px；
```

```
top: 0px;
position: absolute;
}
#right {
background-color: #FFFFCC;
height: 200px;
width: 100px;
position: absolute;
top: 0px;
right: 0px;
border: 2px solid #333333;
}
```

使用“left：0px；right：0px；”设置，左栏紧贴main的左侧显示，右栏紧贴main的右侧显示。中间的#center设置常用的CSS样式属性就可以了。代码如下：

```
#center {
background-color: #CCCCCC;
height: 200px;
border: 2px solid #333333;
margin-right: 104px;
margin-left: 104px;
}
```

对于中间DIV不再设置浮动，让它的左外边距和右外边距保持104px的距离，这样就完成需要的布局了。显示效果如图4-8所示。

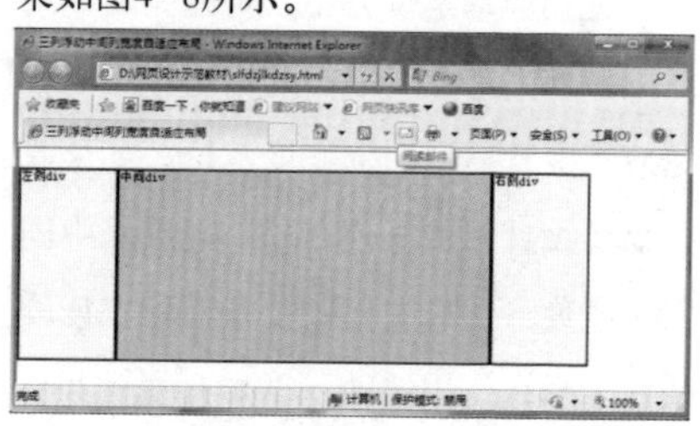

图4-8

悄悄话：

一个对象如果使用了“position:absolute;”定位属性，从本质上解析它与其他对象进行了分离，它的定位模式不会影响其他对象，也不会被其他对象浮动定位所影响。使用了绝对定位之后，对象就像一个图层一样叠加在网页上。

课后作业：一列固定宽度样式，一列宽度自适应样式。

一列固定宽度居中样式，二列固定宽度样式。

二列宽度自适应样式，二列右列宽度自适应样式。

二列固定宽度居中样式，三列浮动中间列宽度自适应样式。

知识点：页面架构布局与浮动的关系。

网页设计参考图例

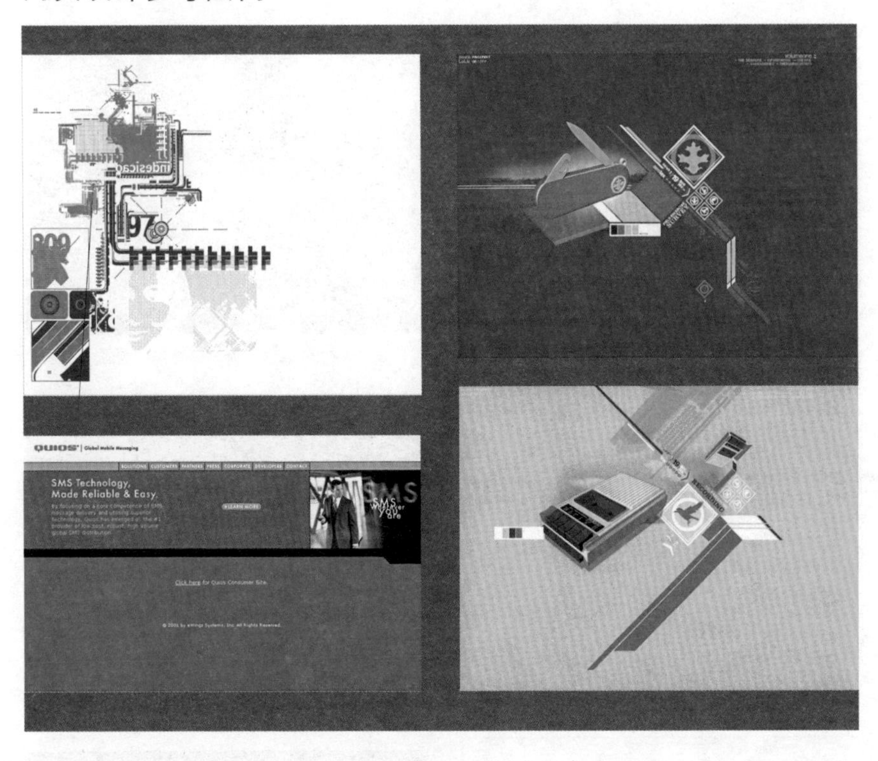

pre>loaded
another blue website, recently made by preloaded
who work & play at 8-9 hoxton square london n1 6nu.
we do nice things. come on in. or catch up on the news.

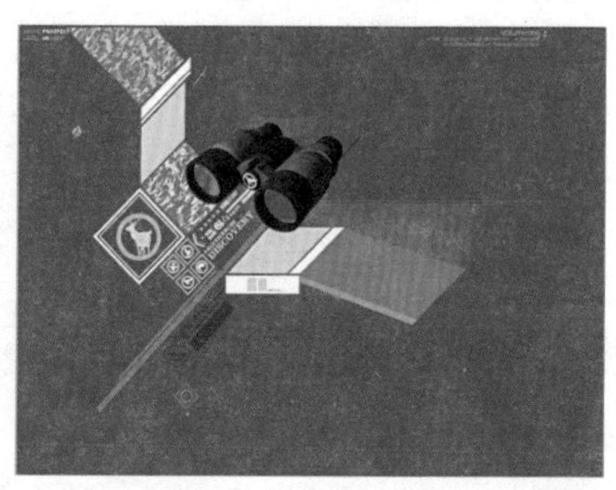
DISCOVERY

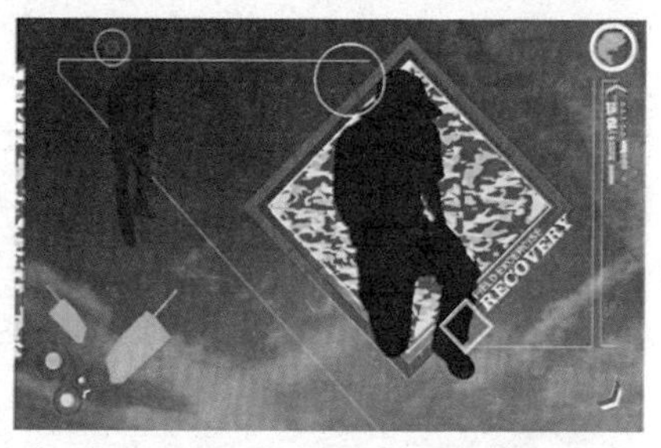
RECOVERY

TARGET
It's Clearance Time
Club Wedd
amazon.com

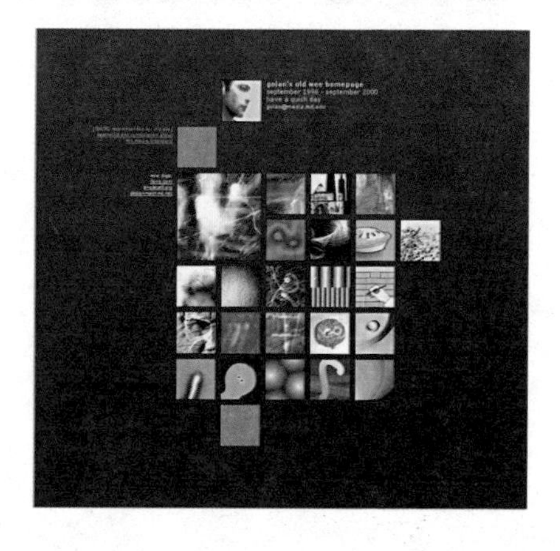

第五章

网站页面制作实践

我们学习了网页的基础知识，认知和掌握了网页设计与表现的原理。特别是第四章网页架构与CSS设计实践，为我们的网页整体设计实践奠定了扎实的基础。

下面我带领大家完成《百道艺术设计会所》网页的设计与制作，并希望大家能够通过此案例的实践，举一反三。

5.1 案例分析

5.1.1 页面与尺寸

图5-1是《百道艺术设计会所》的原型页面。该页面是使用Photoshop软件制作完成的。

文件格式为PSD（层叠样态）。（具体制作方法不在此讲解，大家可参考有关书籍学习）

网页最终显示在电子终端上。随着科技的进步，无线传输技术的完善，电子显示终端也五花八门，如手机屏幕、iPad、移动PC、台式电脑、笔记本电脑等，如果想要在所有的显示器上完美显示，目前还做不到。网页尺寸的局限性在于无法突破各种显示终端的范围，以及浏览器也将占去一定的空间，留给设计师可控制的范围很小。为了不在显示终端出现令人烦恼的水平滑动条，页面的宽度要掌控。原则上要减去浏览器边框所占有的尺寸。另外，页面布局最好是“动态”的，以便能自动延展适应不同宽度的浏览窗口，同时也可让用户在标准的纸张上打印。

页面的长度更难估算，因为用户可以自由地关闭、打开或者减少、增加浏览器的工具栏，而每减少（关闭）或增加（打开）一个工具栏时，浏览器的窗口高度都会发生变化。一般来讲，门户网站的页面长度可多屏幕，但最好不超过六屏幕，其他网站页面长度一至三屏为最佳。对于过长的页面，可以设计制作一些锚点的超级链接放置在页面的顶部，通过点击这些链接跳转到页面内的其他位置，还必须设计制作一些能从页面其他位置跳转到页面顶部的链接，这样就方便了用户的浏览。

百道 藝術設計會所
Broad Design Reseach Institute

2012年5月17日

网站首页　名师风采　作品展示　原创壁纸　私单服务　网上订单　资源共享　留言反馈

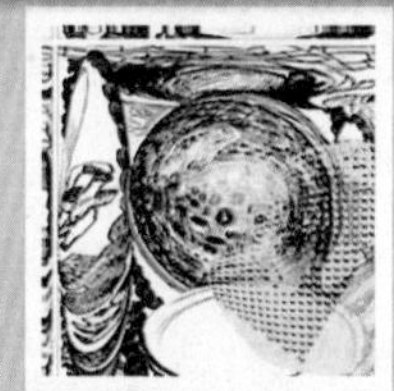

Broad Design Reseach Institute　设计理念

百道艺术设计会所成立于1988年，隶属于大连工业大学艺术设计学院艺术设计中心。其团队由在职教师，在读硕士研究生和本科生组建。设计方向为“传播媒体创新探索与研究”，设计理念为：智慧的创意 简单的执行 惊人的效果。本会所多年来优秀的完成政府和机构委派的诸项设计任务。多个项目在国家级赛事中获奖。在教学中为视觉传达设计专业提供了教学实践基地。

会所物理地址：大连工业大学艺术设计学院414B室
TEL:13052798918
Email:syz5505178126.com

会所大事记

登录 | 注册 | 忘记密码

著作 课件及奖项

2001年会所负责人撰写的著作《构成基础学》由辽宁美术出版社正式出版，同年该书被辽宁省教委定义为视觉传达专业自考教材。现已发行18000册。

团队共同开发的课件《媒体设计》在教育部举办的“第十一届全国多媒体教育软件大赛”中。荣获三等奖。《网页设计》课件在教育部举办的“第六届全国教学科件大赛”中。荣获优秀奖。以上两个课件在辽宁省举办的教学软件赛事中荣获三等奖，在校级课件赛事中分别获得二等奖和三等奖。

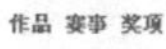

作品 赛事 奖项

设计团队自组建以来，将设计教学与设计实践有机结合，多次完成各项设计任务，并有诸多设计方案在招投标中脱颖而出。设计品在国家级赛事中多次获奖。

获奖案例欣赏

- 东北财经大学大学生餐饮文化中心室内设计方案
- 上海浦东新区景观设计方案
- 大连华城酒店室内设计方案
- 大连西道渔具制造所VI设计
- 山东泰安食品工业集团VI设计
- 深圳太公渔具品牌开发设计方案

获奖作品欣赏

- 招贴设计《节水系列》
- 数码插图《感悟Digital》
- 招贴设计《风度》《看图识字新编》《结构？结构！》

矢量图形下载　more

原创壁纸欣赏　more

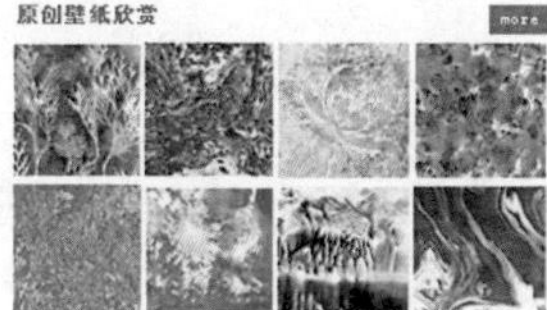

设计论坛

设计界的大虾们你们好啊！俺是本论坛的摊儿主，欢迎大虾们踊跃登陆，敬请大家三言两语话设计，俺先抛砖引玉，拍砖的时候手下留情啊！拜脱！

今天，俺们正处于信息爆炸时代，其实也是信息泛乱时期，更是信息诚信的混沌空间，他给我们提出了严峻的历史性的挑战，当然也是前所未有的机遇。你，还有俺准备好了吗.....

© Copyright 2001 大连工业大学艺术设计学院 百道艺术设计会所

图5—1

显示器分辨率	页面最大宽度	参考屏幕高度
640 X 480 pixel	620 pixel	311 pixel
800 X 600 pixel	778 pixel	430 pixel
1024 X 768 pixel	1007 pixel	600 pixel

图中的数值仅供参考，可能并不适合所有的浏览器，如果希望在多款浏览器中均能获得一致的效果，很有必要根据目标浏览器进行测试。根据本人的经验，结合当前显示终端的主流分辨率，建议如图5—1所示，即网页的logo和menu部分的宽度设计成自动延展模式，main部分的宽度控制在800pixel以内，高度可根据网站的信息特点来确定。

5.1.2 页面切割与优化

在使用Photoshop软件设计网页的原型页面时，请遵守以下四点：

1.网页的尺寸单位设置为像素（pixel）。

2.最佳分辨率为72～96pixel，建议设置成72pixel。

3.色彩模式为RGB。

4.文件格式为PSD。

图5—1就是按以上四点完成的。

网页原型页面制作完成后，要根据需要进行切割，切割时一定要注意尺寸准确，建议使用辅助线，切割完成后，可使用Photoshop软件中的“存储为WEB所用格式”的命令进行优化和存储。我们在浏览网页时，其实就是把服

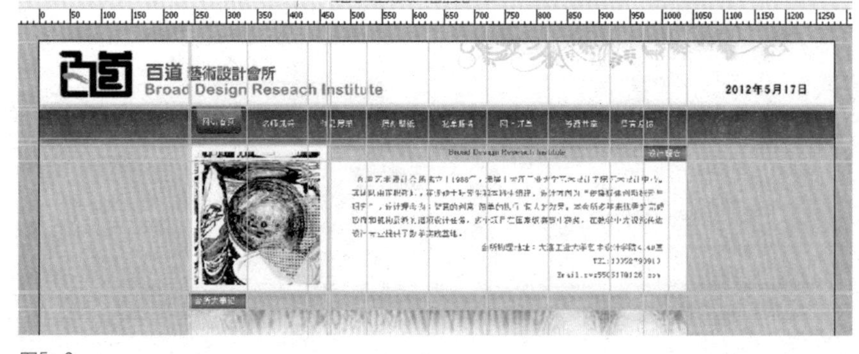

图5—2

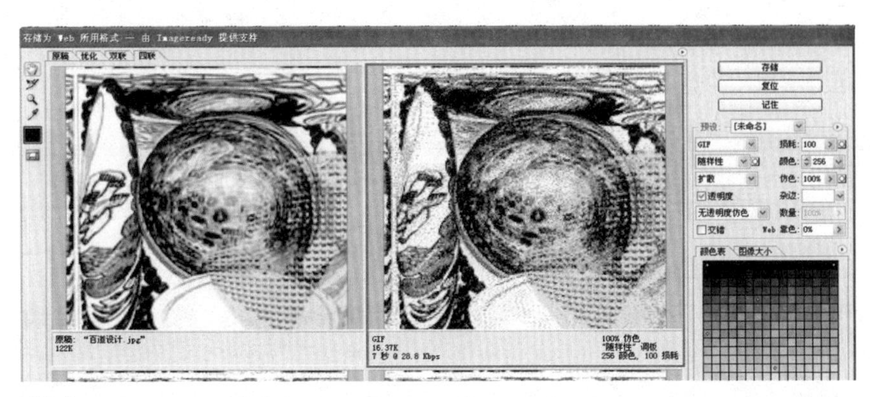

图5—3

务器上信息（远地信息）下载到电子终端上进行享用，这个过程的速度越快越受欢迎。所以，速度是网站的生命。能够决定浏览速度有两点：首先是带宽，这点我们决定不了，那是运营商的行为；其二，网站文件量也决定着浏览速度，这一点我们可以控制，所以要对网页素材进行优化。（优化的方法前面已讲过不再重复）图5—2为素材切割示意（局部），图5—3为素材优化示意（局部）。随后，将切割和优化后的图片存入img文件夹。站点建立后，将img文件夹存入站点内。

5.2 站点建立与管理

网络由诸多网站组成，网站由诸

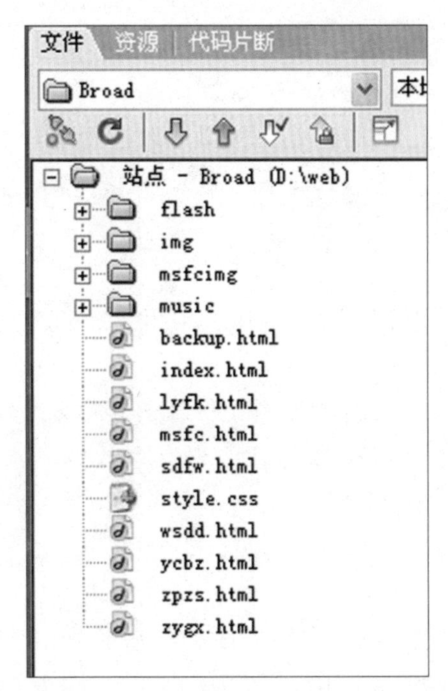

图5—4

多网页组成，网页由诸多元素组成。为了方便网站的更新与管理，规范建立站点是非常重要的。(建立站点和创建HTML文档前面已讲过，不再重复)

建立站点应遵守以下几点原则：

1.网页文档和素材文件夹应建在根目录下。

2.网页文档及文件夹命名不可使用汉字及数字。

3.网页素材命名不可使用汉字及数字。

4.网页基本架构文件备份一份。

图5-4是《百道艺术设计会所》的站点。建议：使用英文或汉语拼音命名。

5.3 网页制作流程 (DIV+CSS)

建议首先选择拆分窗口，这样可直接在HTML中看到Div标签代码，如图5-5所示。

将光标移至页面设计视图中，单击“常用”选项卡中的“插入Div标签”图标▤，→弹出“插入Div标签”对话框，在“ID”下拉列表中输入top，如

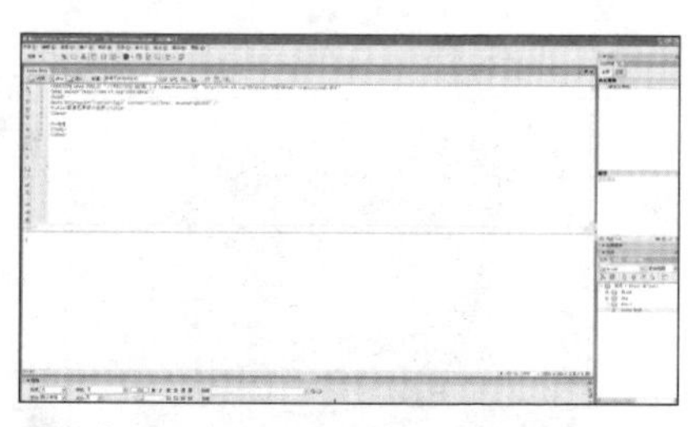

图5-5

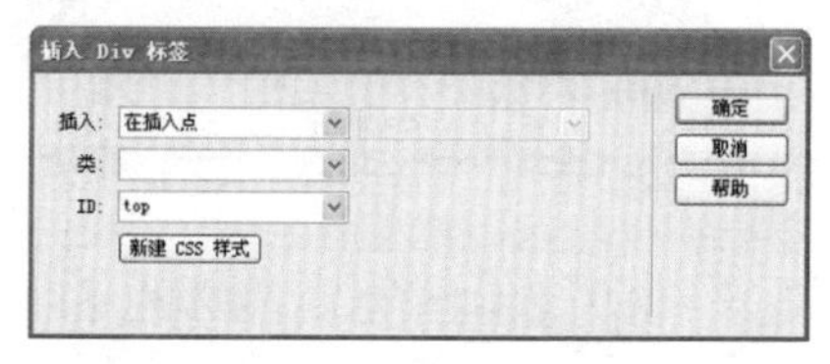

图5-6

图5-6所示。

→单击“插入Div标签”对话框上的“确定”按钮，在页面中插入Div标签，同时在HTML代码中加入相应的Div标签代码，如图5-7所示。

→单击“CSS样式”面板上的“新建CSS规则”按钮，弹出“新建CSS规则”对话框， 在“选择器类型”选项组中选择“标签（重新定义特定标签的外观）”单选按钮，在“标签”下拉列表框中输入“*”，在“定义在”选项中选择“新建样式表文件”选项，如图5-8所示。

→单击“确定”按钮，弹出“保存

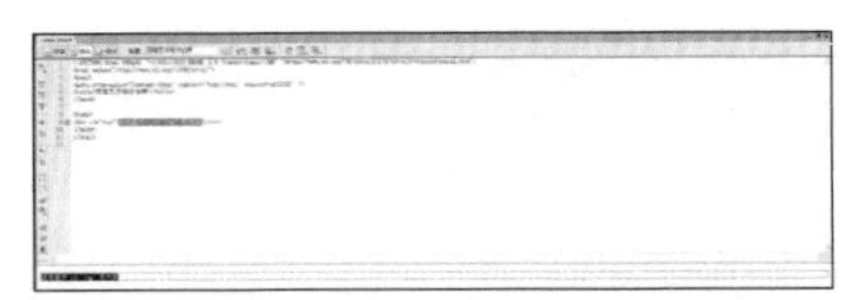

图5—7

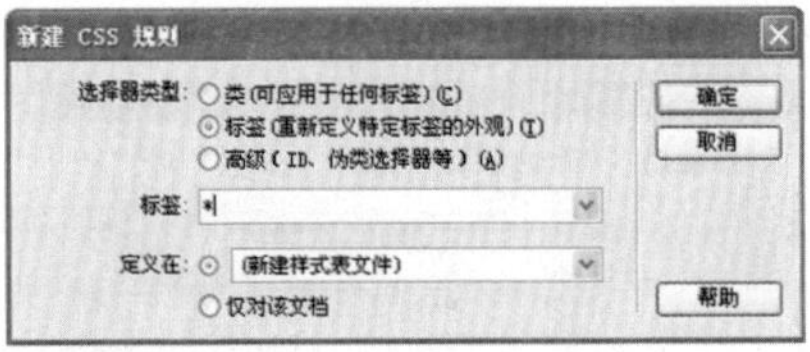

图5—8

图5—9

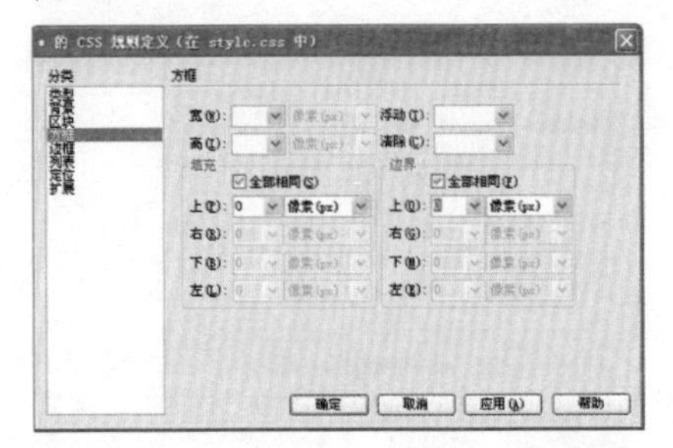

图5—10

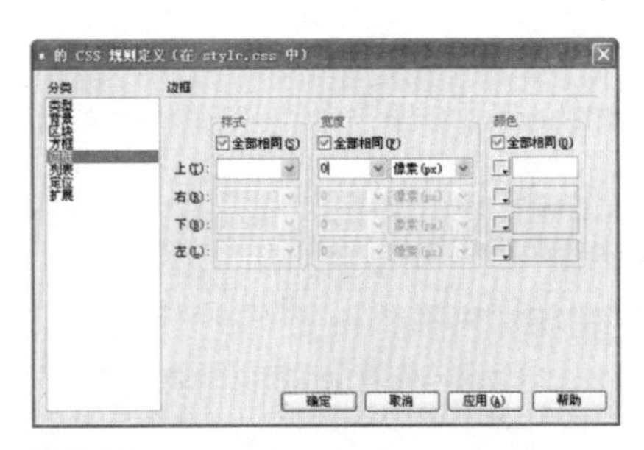

图5—11

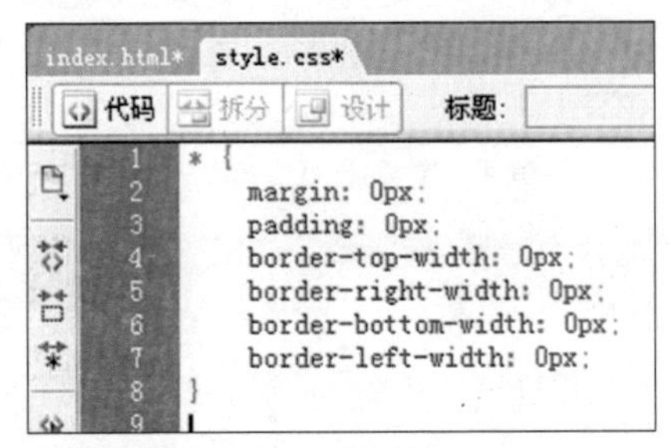

图5—12

样式表文件为”对话框，将新建的样式表保存为style.css，如图5—9所示。

→单击“保存样式文件为”对话框中的“保存”按钮，弹出“*的CSS规则定义”对话框，在“分类”列表中选择“方框”选项，设置“填充”和“边界”均为0，如图5—10所示。

→在“分类”列表中选择“边框”选项，设置“宽度”为0，如图5—11所示。

→单击“确定”按钮，完成“*

的CSS规则定义”对话框的设置，Dreamweaver会自动打开刚刚新建的外部样式表文件style.css。刚刚定义的样式表代码如图5–12所示。

> 悄悄话：
>
> 由于样式表遵循“就近生效”原则，所以在样式表的最开始处定义了通用属性，即使有的标签属性不是在这里定义的也没关系，只要在需要定义的时候再定义就是了。

→单击“CSS样式”面板上的“新建CSS规则”按钮，弹出“新建CSS规则”对话框，在“选择器类型”选项组中选择“标签（重新定义特定标签的外观）”单选按钮，在“标签”下拉列表框中输入“body”，在“定义在”选项中选择刚刚定义的外部样式表文件style.css，如图5–13所示。

→单击“确定”按钮，弹出“body的CSS规则定义”对话框，在“分类”列表中选择“类型”属性，设置“字体”为“宋体”，“大小”为12，“颜色”为#FFFFFF，如图5–14所示。

→在“分类”列表中选择“背景”属性，设置“背景图像”为“img/

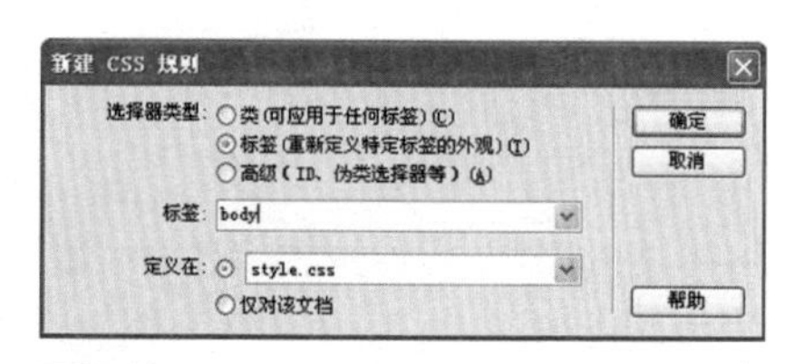

图5–13

图5–14

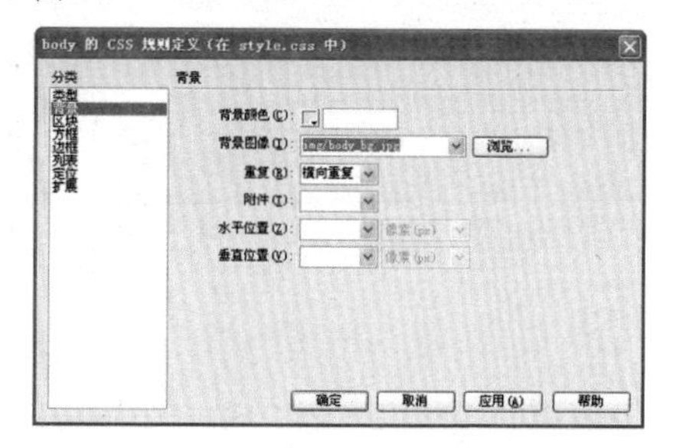

图5–15

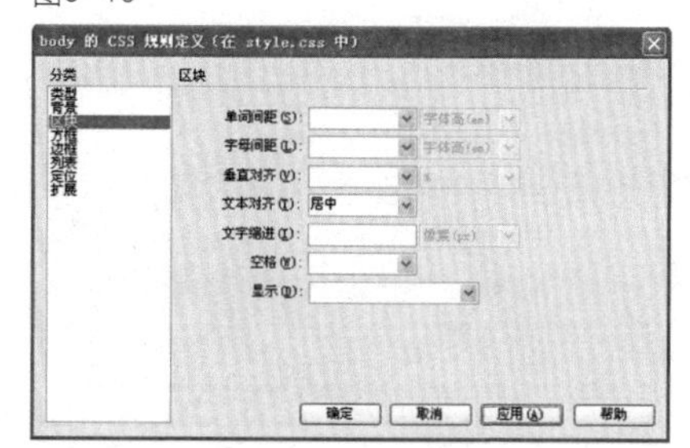

图5–16

```
}
body {
    font-family: "宋体";
    font-size: 12px;
    color: #FFFFFF;
    background-image: url(img/body_bg.jpg);
    background-repeat: repeat-x;
    text-align: center;
}
```

图5-17

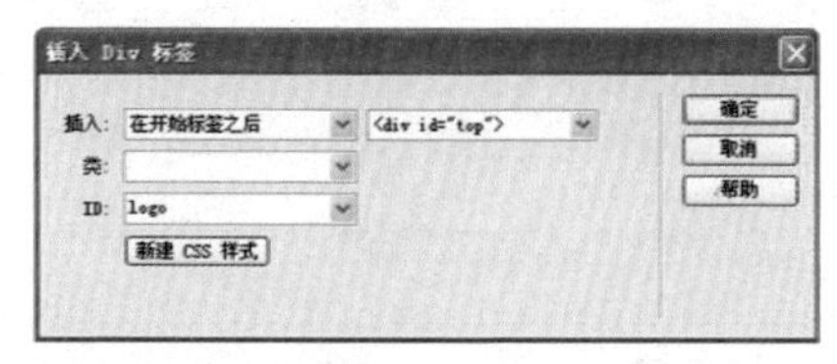

图5-18

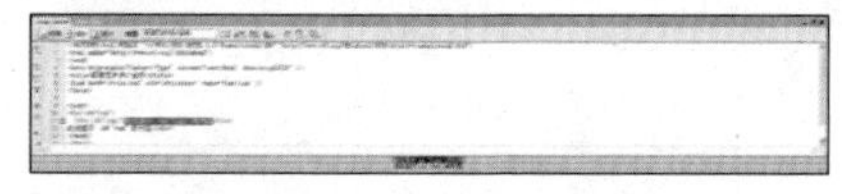

图5-19

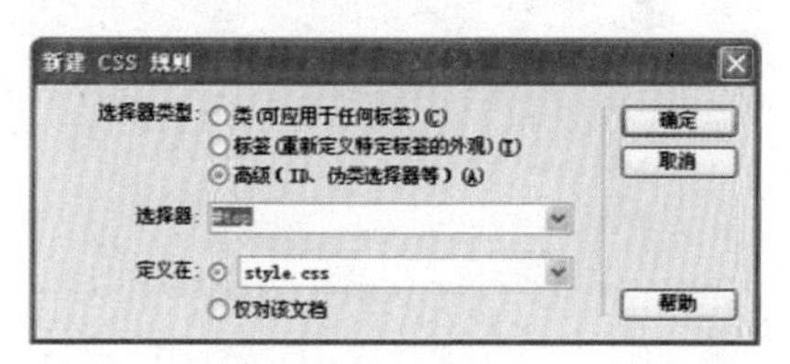

图5-20

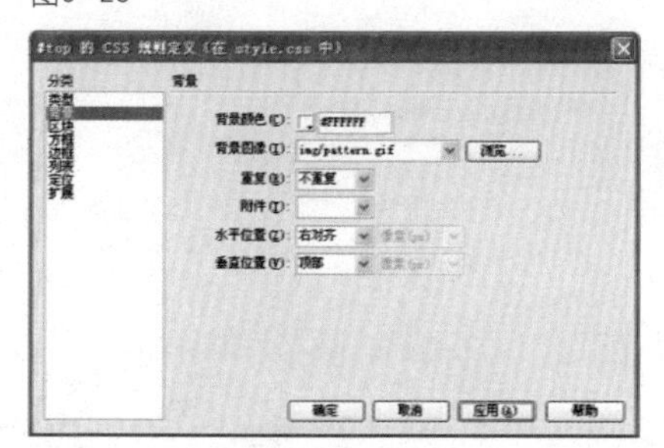

图5-21

body_bg.jpg ”，“重复”为横向重复，如图5–15所示。

→在“分类”列表中选择“区块”属性，在“文本对齐”下拉列表中选择“居中”选项，如图5–16所示。

→单击“确定”按钮，完成“body的CSS规则定义”对话框的设置，刚刚定义的样式表代码如图5–17所示。

将光标移至页面设计视图的top层中，单击“常用”选项卡中的“插入Div标签”图标，→弹出“插入Div标签”对话框，设置如图5–18所示。

→单击“插入Div标签”对话框上的“确定”按钮，在top层中插入logo层，页面如图5–19所示。

→将光标置于“top”层中，单击“CSS样式”面板上的“新建CSS规则”按钮，弹出“新建CSS规则”对话框， 在“选择器类型”选项组中选择“高级”单选按钮，在“选择器”下拉列表框中输入#top选项，在“定义在”选项中选择定义的外部样式表文件style.css，如图5–20所示。

→单击“确定”按钮，弹出

“#top的CSS规则定义”对话框，在“分类”列表中选择“背景”属性，设置“背景图像”为“img/pattern.gif”，“重复”为不重复，“水平位置”为右对齐，“垂直位置”为顶部，如图5-21所示。

→在“分类”列表中选择“方框”属性，参数设置如图5-22所示。并在页面中删除“此处显示id"top"的内容”字样，页面如图5-23所示。

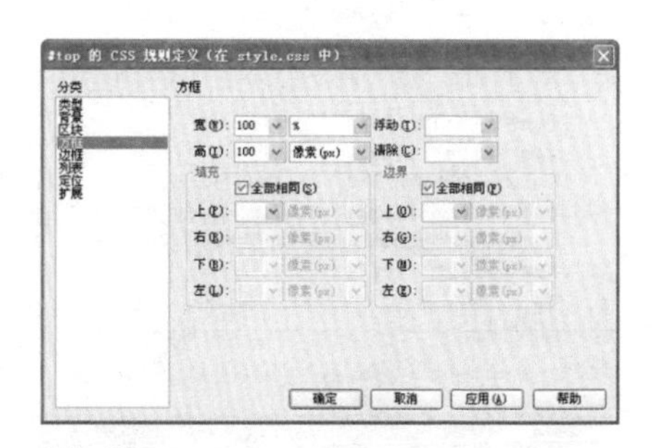

图5-22

图5-23

→将光标置于“logo”层中，单击“CSS样式”面板上的“新建CSS规则”按钮，弹出“新建CSS规则”对话框，在“选择器类型”选项组中选择“高级”单选按钮，在“选择器”下拉列表框中输入#logo选项，在“定义在”选项中选择定义的外部样式表文件style.css，如图5-24所示。

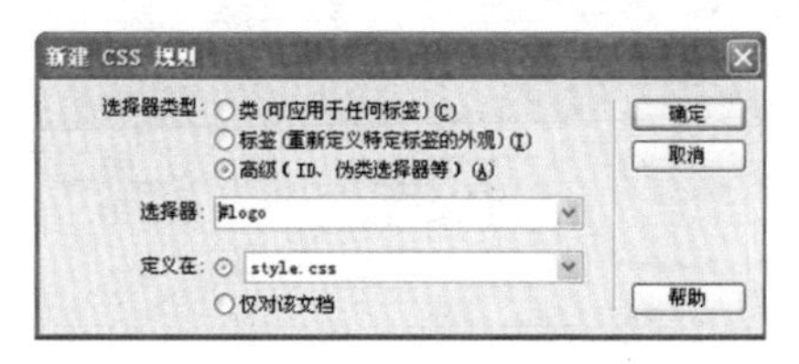

图5-24

→单击“确定”按钮，弹出“#logo的CSS规则定义”对话框，在“分类”列表中选择“背景”属性，设置“背景图像”为“img/logo.gif”，“重复”为不重复，如图5-25所示。

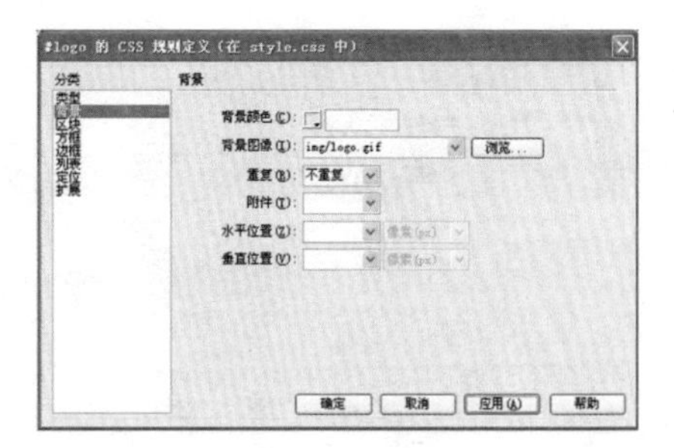

图5-25

→在“分类”列表中选择“方框”属性，参数设置如图5-26所示。确定并

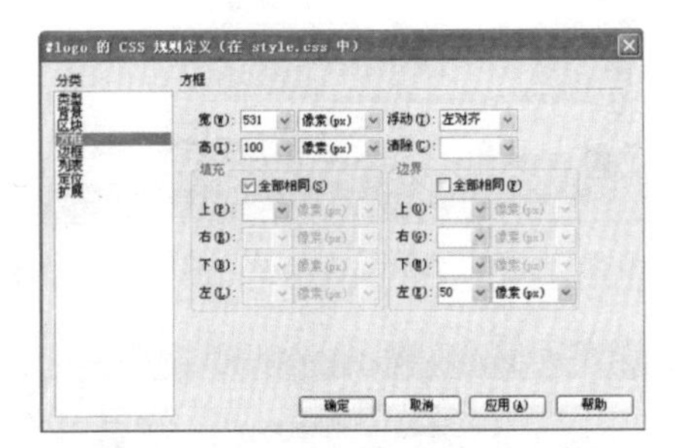

图5-26

在页面中删除“此处显示 id"logo"的内容”字样，页面如图5-27所示。

图5-27

将光标移至页面设计视图的top层中，单击 “常用”选项卡中的“插入Div标签”图标，→弹出“插入Div标签”对话框，设置如图5-28所示。

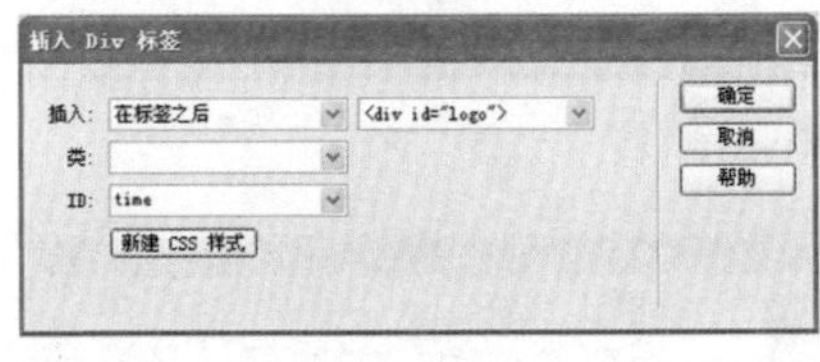

图5-28

→单击“插入Div标签”对话框上的“确定”按钮，在logo层后插入time层，页面如图5-29所示。

图5-29

→删除time层中的“此处显示 id "time"的内容”字样，将光标移至页面设计视图的time层中，单击“常用”选项卡中的“日期”图标，→弹出“插入日期”对话框，设置如图5-30所示。

→单击“插入日期”对话框上的“确定”按钮，在time层中插入日期和时间，页面如图5-31所示。

→将光标置于“time”层中，单

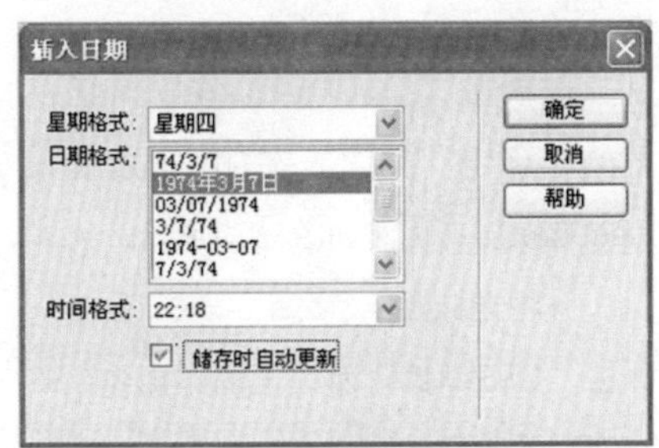

图5-30

击“CSS样式”面板上的“新建CSS规则”按钮，弹出“新建CSS规则”对话框，在“选择器类型”选项组中选择“高级”单选按钮，在“选择器”下拉列表框中输入#time选项，在“定义在”选项中选择定义的外部样式表文件style.css，如图5-32所示。

→单击“确定”按钮，弹出“#time的CSS规则定义”对话框，在“分类”列表中选择“类型”属性，参数设置如图5-33所示。

→在“分类”列表中选择“方框”属性，参数设置如图5-34所示。

→单击“确定”按钮，页面如图5-35所示。

将光标移至页面设计视图中，单击“常用”选项卡中的“插入Div标签”图标，→弹出“插入Div标签”对话框，设置如图5-36所示。

→单击“插入Div标签”对话框上的“确定”按钮，在top层后插入menubox层，页面如图5-37所示。

→将光标置于“menubox”层中，单击“CSS样式”面板上的“新建CSS规则”按钮，弹出“新建CSS规则”

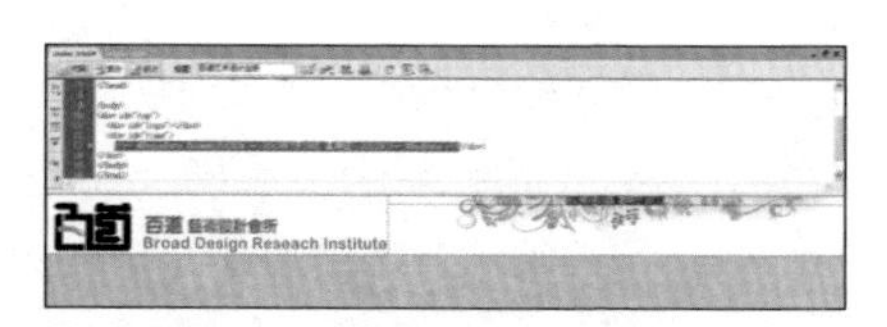

图5-31

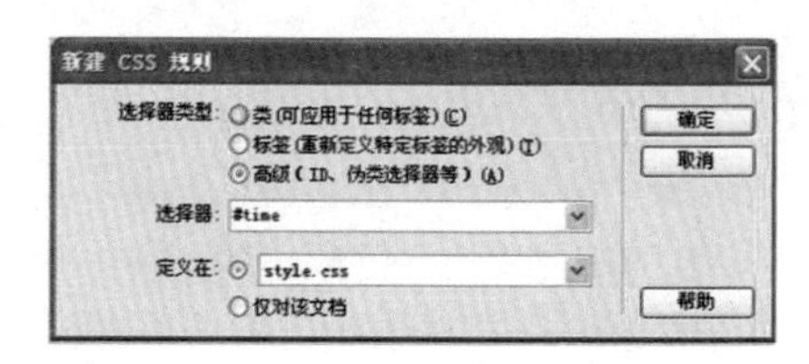

图5-32

图5-33

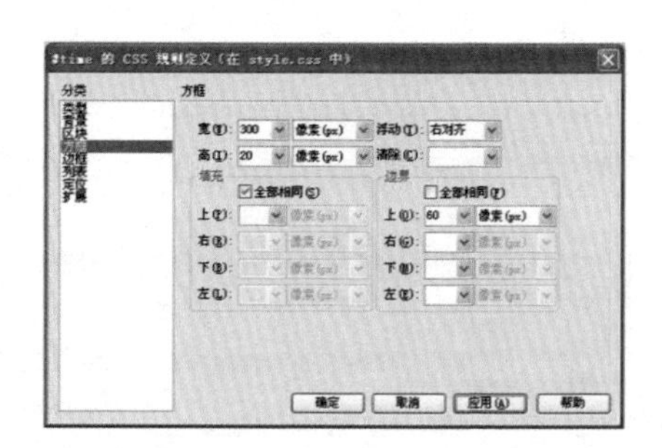

图5-34

图5-35

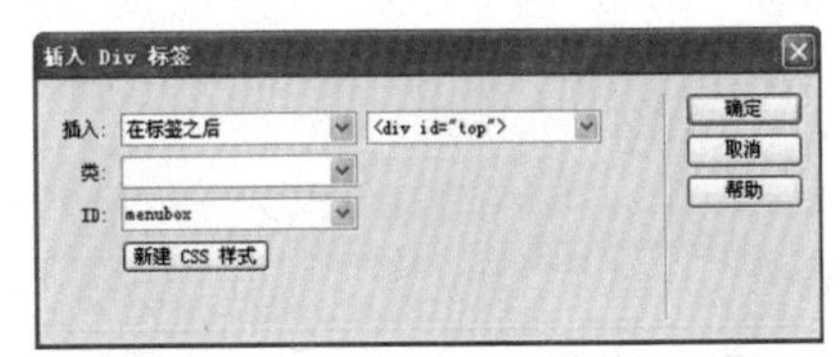

图5-36

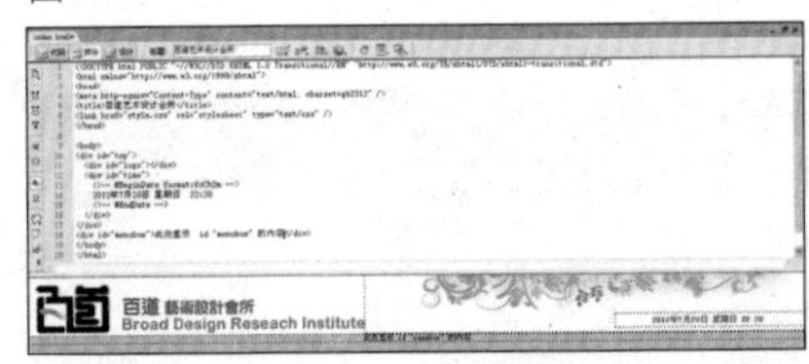

图5-37

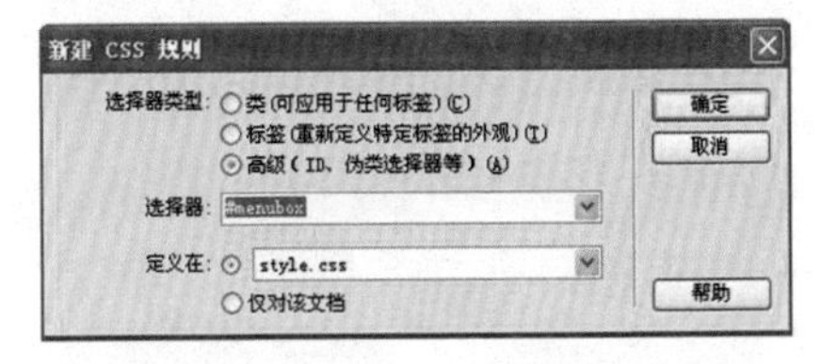

图5-38

对话框，在“选择器类型”选项组中选择“高级”单选按钮，在“选择器”下拉列表框中输入#menubox选项，在“定义在”选项中选择定义的外部样式表文件style.css，如图5-38所示。

→单击“确定”按钮，弹出“#menubox的CSS规则定义”对话框，在“分类”列表中选择“背景图像”属性，参数设置如图5-39所示。

→在“分类”列表中选择“方框”属性，参数设置如图5-40所示。

→单击“确定”按钮，页面如图5-41所示。

将光标移至页面设计视图中，单击“常用”选项卡中的“插入Div标签”图标，→弹出“插入Div标签”对话框，设置如图5-42所示。

→单击“插入Div标签”对话框上

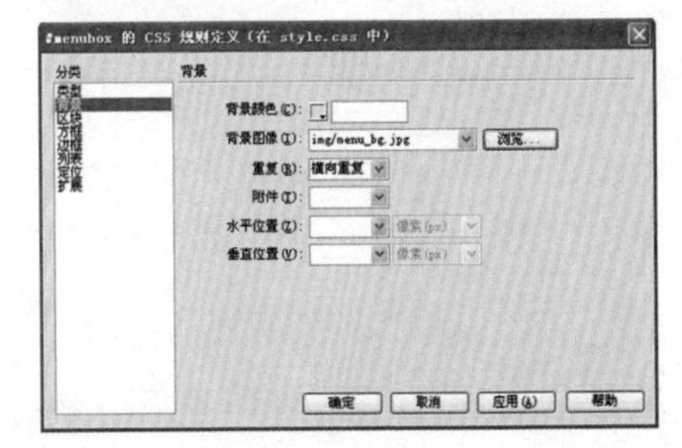

图5-39

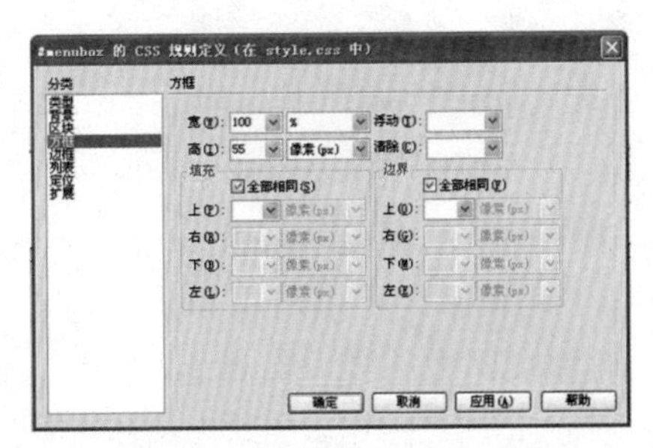

图5-40

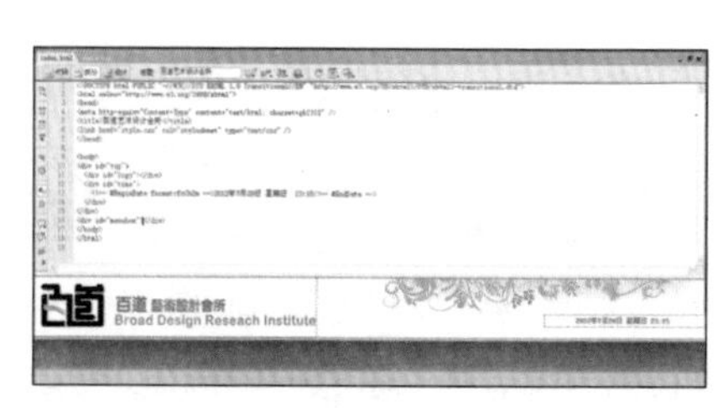

图5-41

的“确定”按钮，在menubox层中插入menu层，页面如图5-43所示。

→将光标置于“menu”层中，单击“CSS样式”面板上的“新建CSS规则”按钮，弹出“新建CSS规则”对话框，在“选择器类型”选项组中选择“高级”单选按钮，在“选择器”下拉列表框中输入#menu选项，在“定义在”选项中选择定义的外部样式表文件style.css，如图5-44所示。

→单击“确定”按钮，弹出“#menu的CSS规则定义”对话框，在“分类”列表中选择“方框”属性，参数设置如图5-45所示。

→单击“确定”按钮，页面如图5-46所示。

将光标移至代码视图的<div id="menu"></div>中，单击“常用”选项卡中的“插入Div标签”图标，

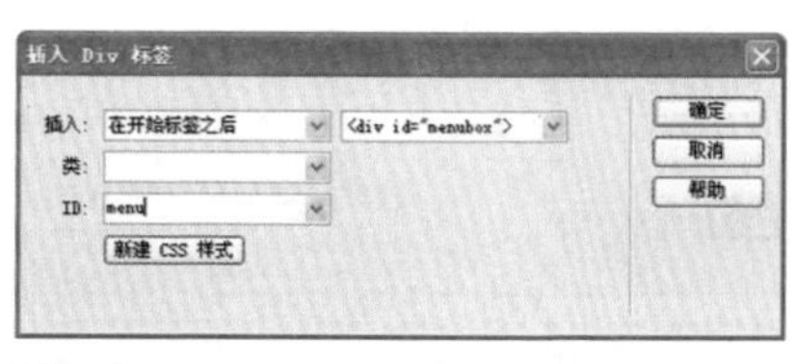

图5-42

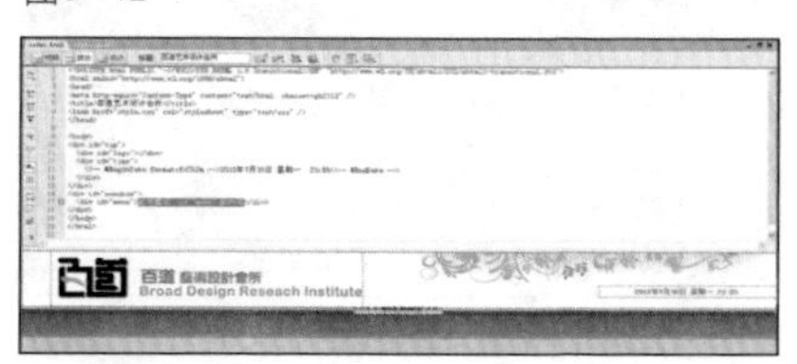

图5-43

图5-44

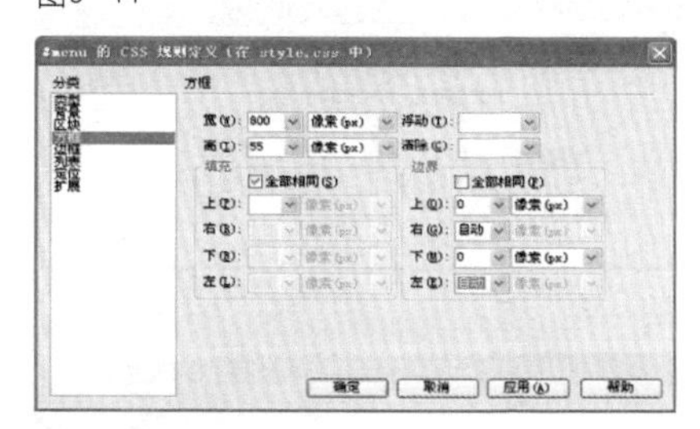

图5-45

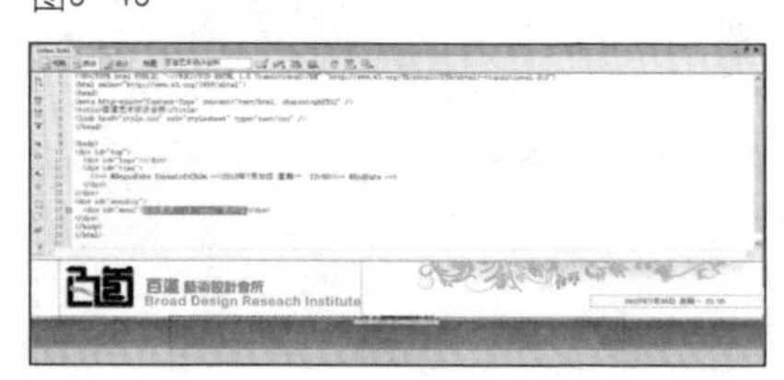

图5-46

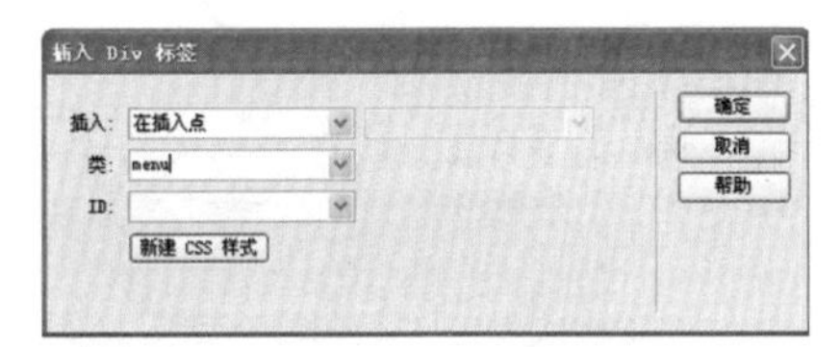

图5-47

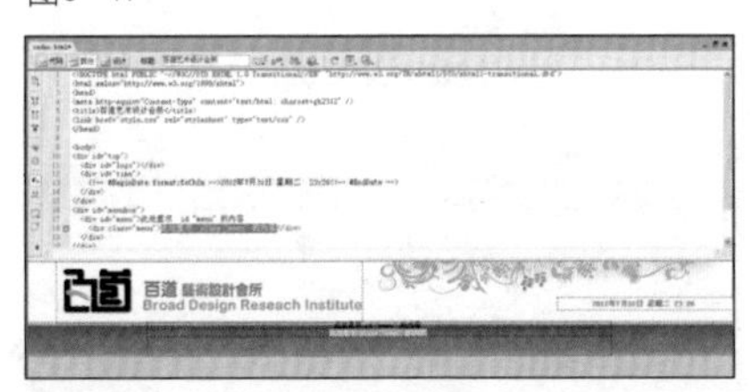

图5-48

图5-49

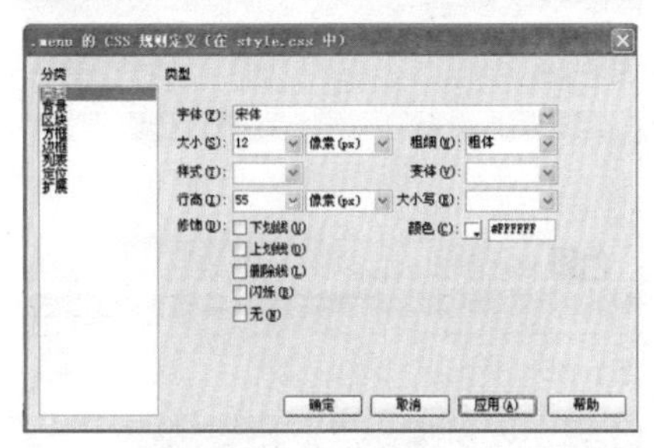

图5-50

→弹出“插入Div标签”对话框，设置如图5-47所示。

→单击“插入Div标签”对话框上的“确定”按钮，在menu层中插入class "menu"层，页面如图5-48所示。

→将光标置于“class "menu"”层中，单击“CSS样式”面板上的“新建CSS规则”按钮，弹出“新建CSS规则”对话框，在“选择器类型”选项组中选择“类”单选按钮，在“名称”下拉列表框中输入.menu选项，在“定义在”选项中选择定义的外部样式表文件style.css，如图5-49所示。

→在“分类”列表中选择“类型”属性，参数设置如图5-50所示。

→在“分类”列表中选择“区块”属性，参数设置如图5-51所示。

→在“分类”列表中选择“方框”属性，参数设置如图5-52所示。

→单击“确定”按钮，并在页面中删除“此处显示 id"menu"的内容”和“此处显示 class"menu"的内容”字

图5-51

样，键入文字“网站首页”，页面如图5-53所示。

→在代码视图中，复制粘贴“<div class="menu">网站首页</div>”代码7次，刷新后，代码视图如图5-54所示。→更改文字内容，页面如图5-55所示。

→单击“CSS样式”面板上的“新建CSS规则”按钮，弹出“新建CSS规则”对话框，在“选择器类型”选项组中选择“类”单选按钮，在“名称”下拉列表框中输入.menu_red选项，在“定义在”选项中选择定义的外部样式表文件style.css，如图5-56所示。

→单击“确定”按钮，弹出“.menu_red的CSS规则定义”对话框，在“分类”列表中选择“类型”属性，参数设置如图5-57所示。

→在“分类”列表中选择“背景”属性，参数设置如图5-58所示。

→在“分类”列表中选择“区块”属性，参数设置如图5-59所示。

→在“分类”列表中选择“方框”属性，参数设置如图5-60所示。

→单击“确定”按钮。

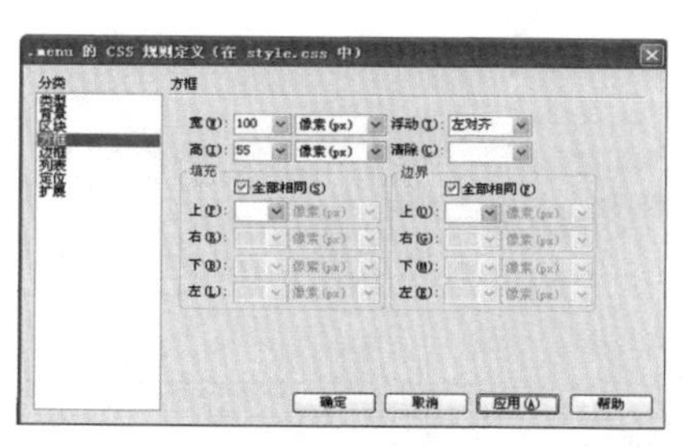

图5-52

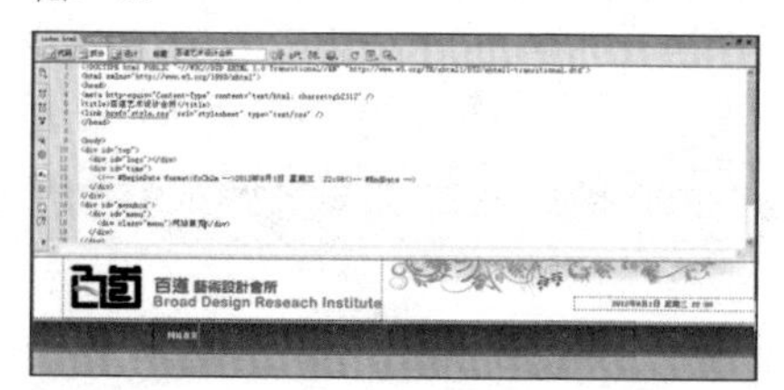

图5-53

图5-54

图5-55

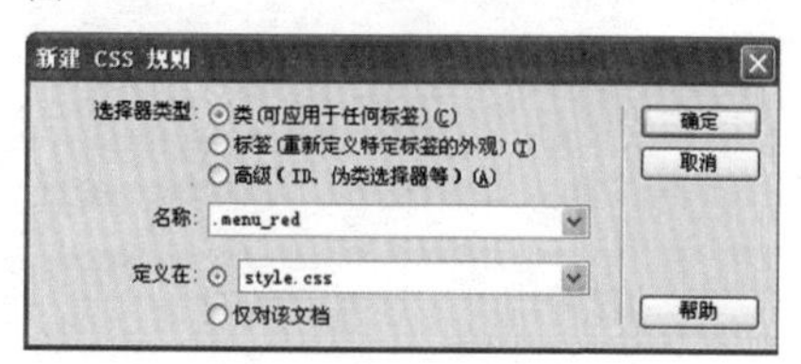

图5-56

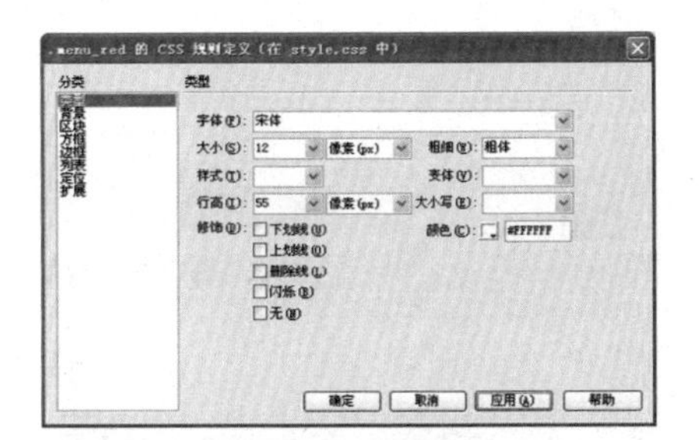

图5-57

图5-58

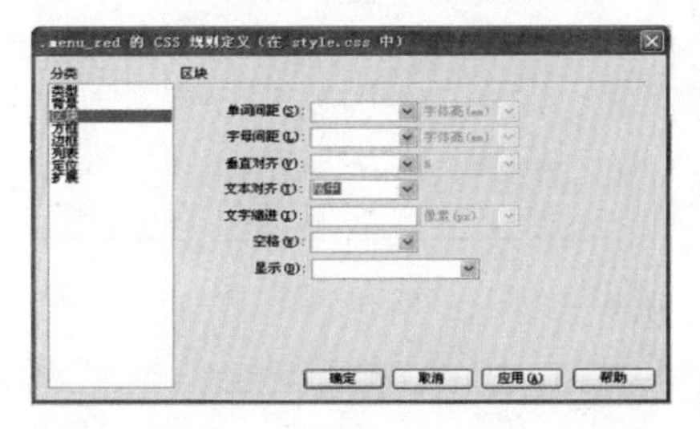

图5-59

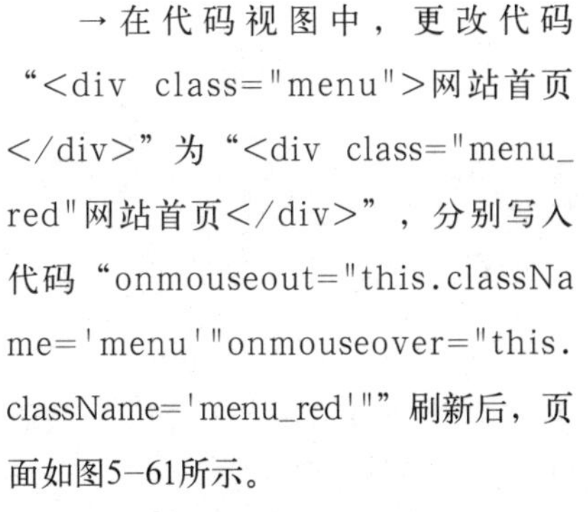

→在代码视图中，更改代码“<div class="menu">网站首页</div>”为“<div class="menu_red"网站首页</div>”，分别写入代码“onmouseout="this.className='menu''onmouseover="this.className='menu_red''"”刷新后，页面如图5-61所示。

→点击F12在浏览器中测试网页，页面显示如图5-62所示。

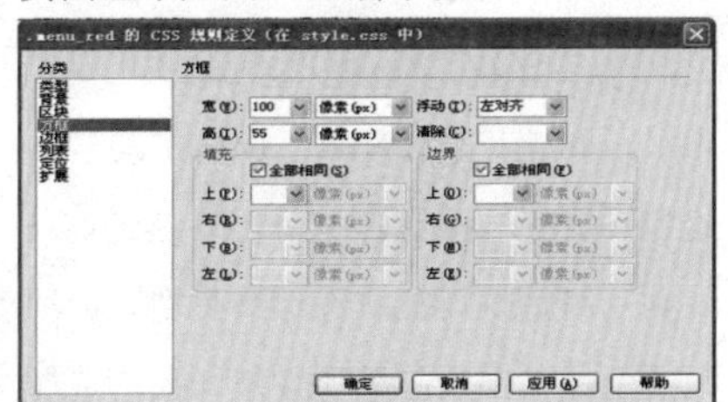

图5-60

图5-62

```
<div id="menubox">
  <div id="menu">
    <div class="menu_red">网站首页</div>
    <div class="menu" onmouseout="this.className='menu'" onmouseover="this.className='menu_red'">名师风采</div>
    <div class="menu" onmouseout="this.className='menu'" onmouseover="this.className='menu_red'">作品展示</div>
    <div class="menu" onmouseout="this.className='menu'" onmouseover="this.className='menu_red'">原创壁纸</div>
    <div class="menu" onmouseout="this.className='menu'" onmouseover="this.className='menu_red'">私单服务</div>
    <div class="menu" onmouseout="this.className='menu'" onmouseover="this.className='menu_red'">网上订单</div>
    <div class="menu" onmouseout="this.className='menu'" onmouseover="this.className='menu_red'">资源共享</div>
    <div class="menu" onmouseout="this.className='menu'" onmouseover="this.className='menu_red'">留言反馈</div>
  </div>
</div>
```

图5-61

提示：

写入代码时，可用Dreamweaver软件自带的"代码提示"功能。"代码提示"设置→编辑→首选参数→代码提示→确定。

将光标移至页面设计视图中，单击"常用"选项卡中的"插入Div标签"图标，→弹出"插入Div标签"对话框，设置如图5-63所示。

→单击"插入Div标签"对话框上的"确定"按钮，在menubox层后插入foot层，页面如图5-64所示。

→单击"CSS样式"面板上的"新建CSS规则"按钮，弹出"新建CSS规则"对话框，在"选择器类型"选项组中选择"高级"单选按钮，在"选择器"下拉列表框中输入#foot选项，在"定义在"选项中选择定义的外部样式表文件style.css，如图5-65所示。

→单击"确定"按钮，弹出"#foot的CSS规则定义"对话框，在

图5-63

图5-64

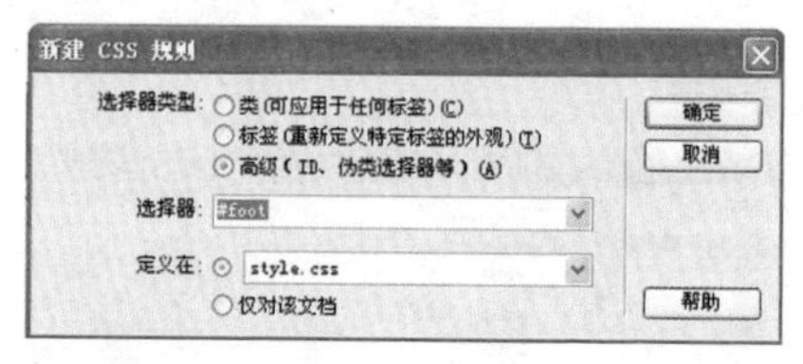

图5-65

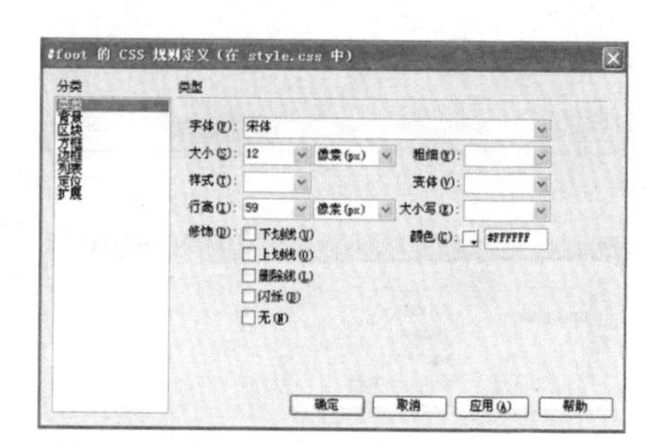

图5-66

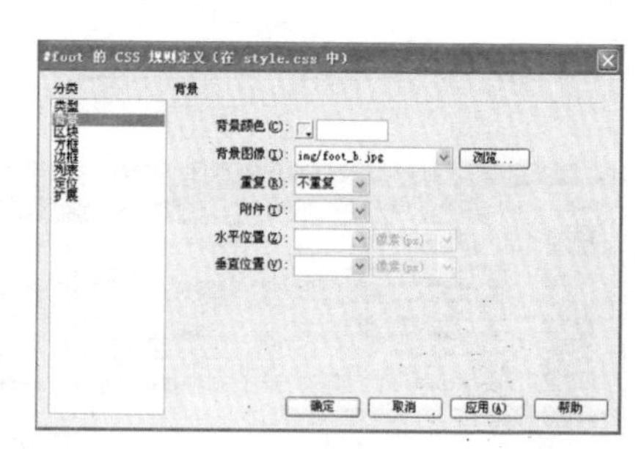

图5-67

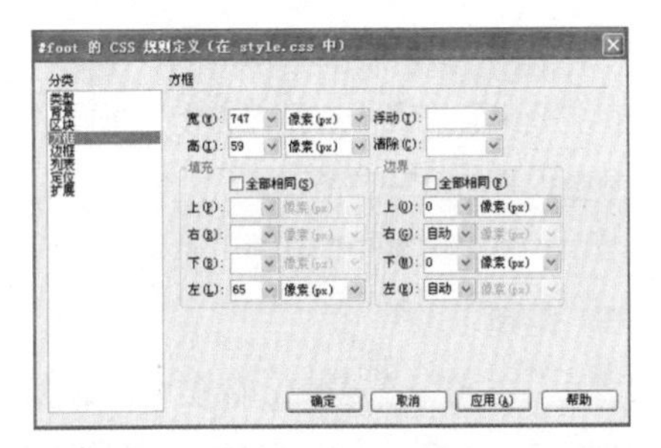

图5-68

图5-69

“分类”列表中选择“类型”属性，参数设置如图5-66所示。

→在“分类”列表中选择“背景图像”属性，参数设置如图5-67所示。

→在“分类”列表中选择“方框”属性，参数设置如图5-68所示。

→单击“确定”按钮，删除“此处显示 id"foot"的内容”字样，将原型文件中的版权信息拷贝到foot层中，页面显示如图5-69所示。

→选择站点内文件“index.html”→点击鼠标右键→编辑→复制→生成“拷贝于index.html”文件→将该文件重命名为“msfc.html”（名师风采）。

悄悄话：

分析网站中的多级页面你会发现一个规律，各级页面的信息内容肯定不同，但页面的架构基本相同，如网页的头部和尾部基本不变。在此复制index.html文件的目的就是为制作二级页面做架构准备。以此类推，整个网站的页面制作就省时多了。

→回到index.html页面，→将光标移至页面设计视图中，单击“常用”选项卡中的“插入Div标签”图标，→弹出“插入Div标签”对话框，设置如图5-70所示。

→单击“插入Div标签”对话框上的“确定”按钮，在menubox层后插入banner层，页面如图5-71所示。

→将光标放置在banner层中→单击“CSS样式”面板上的“新建CSS规则”按钮，弹出“新建CSS规则”对话框，在“选择器类型”选项组中选择“高级”单选按钮，在“选择器”下拉列表框中输入#banner选项，在“定义在”选项中选择“仅对该文档”，如图5-72所示。

→单击“确定”按钮，弹出

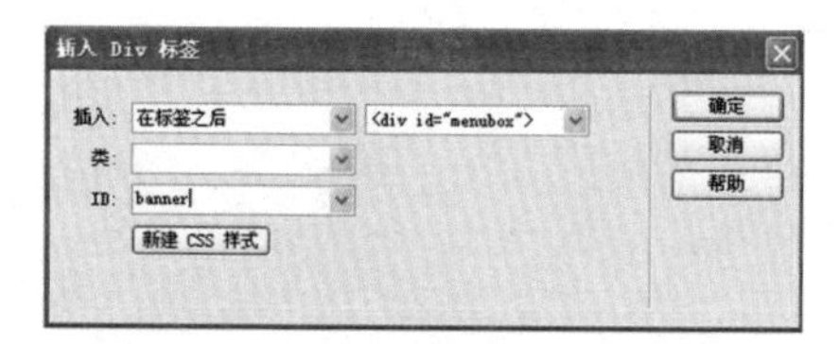

图5-70

图5-71

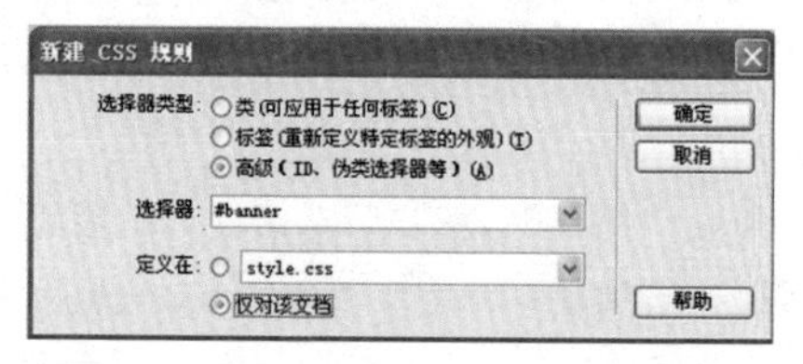

图5-72

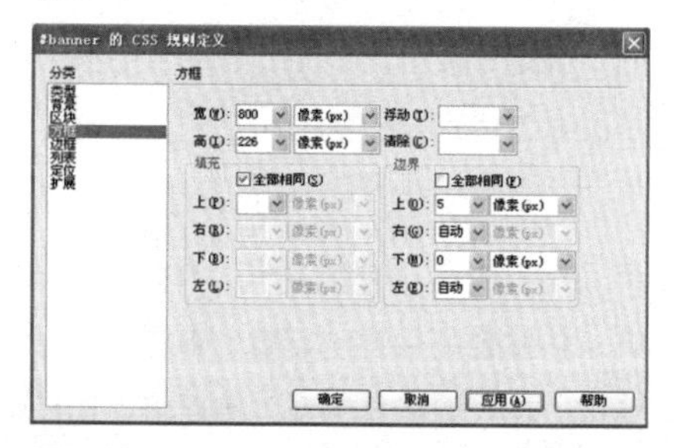

图5-73

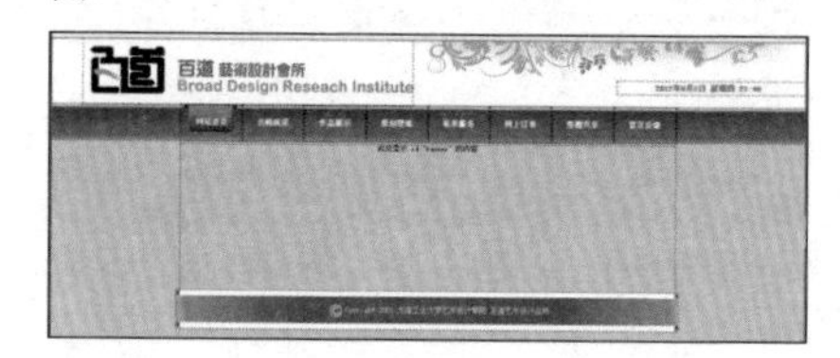

图5-74

“#banner的CSS规则定义”对话框，在“分类”列表中选择“方框”属性，参数设置如图5-73所示。

→单击“确定”按钮，页面显示如图5-74所示。

→将光标移至banner层中，单击“常用”选项卡中的“插入Div标签”图标，→弹出“插入Div标签”对话框，设置如图5-75所示。

→单击“插入Div标签”对话框上的“确定”按钮，在banner层中插入banner_l层，用相同方法在banner_l层后插入banner_r层，删除“此处显示 id "banner" 的内容”，页面如图5-76所示。

→将光标放置在banner_l层中→单击“CSS样式”面板上的“新建CSS规则”按钮，弹出“新建CSS规则”对话框，在“选择器类型”选项组中选择“高级”单选按钮，在“选择器”下拉列表框中输入#banner_l选项，在“定义在”选项中选择“仅对该文档”，如图5-77所示。

→单击“确定”按钮，弹出“#banner_l的CSS规则定义”对话

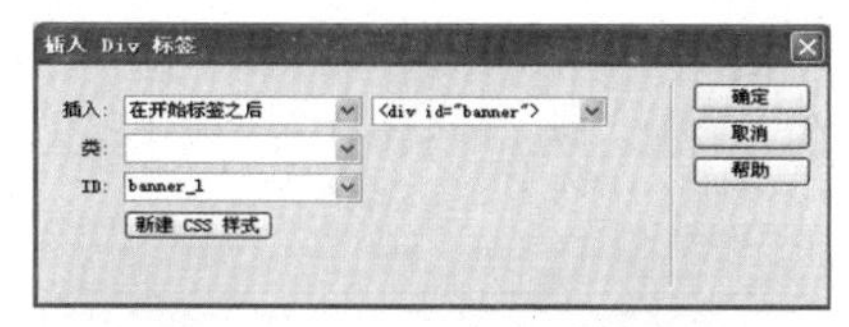

图5–75

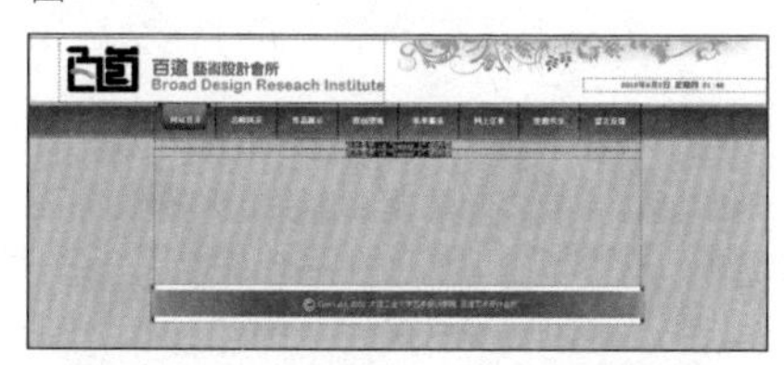

图5–76

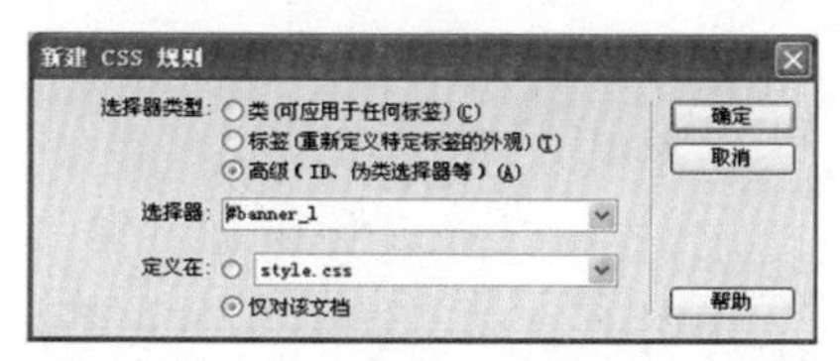

图5–77

图5–78

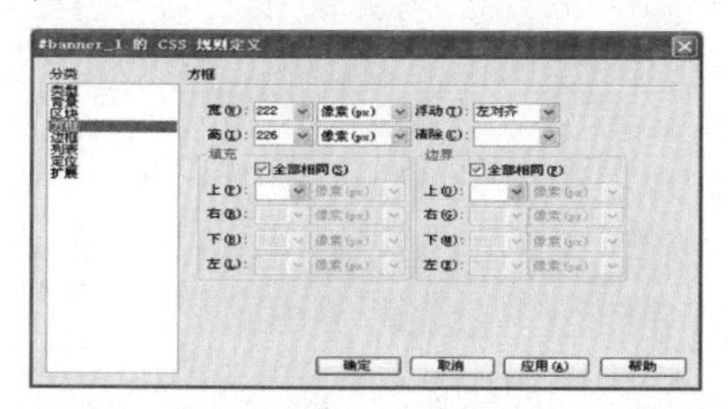

图5–79

框，→在“分类”列表中选择“背景图像”属性，参数设置如图5–78所示。

→在“分类”列表中选择“方框”属性，参数设置如图5–79所示。

→将光标放置在banner_r层中→单击“CSS样式”面板上的“新建CSS规则”按钮，弹出“新建CSS规则”对话框，在“选择器类型”选项组中选择“高级”单选按钮，在“选择器”下拉列表框中输入#banner_r选项，在“定义在”选项中选择“仅对该文档”，如图5–80所示。

→单击“确定”按钮，弹出“#banner_r的CSS规则定义”对话框，→在“分类”列表中选择“背景颜色”属性，设置为#FFFFFF。

→在“分类”列表中选择“方框”，属性设置：“宽”573，“高”266，“浮动”右对齐。“边界”“左”5。

→单击“确定”按钮，页面显示如图5–81所示。

→将光标移至banner_r层中，单击“常用”选项卡中的“插入Div标签”图标，→弹出“插入Div标签”对话框，设置如图5–82所示。

图5–80

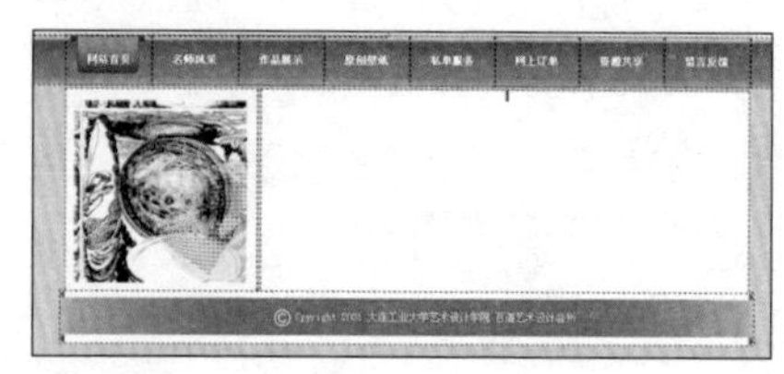

图5–81

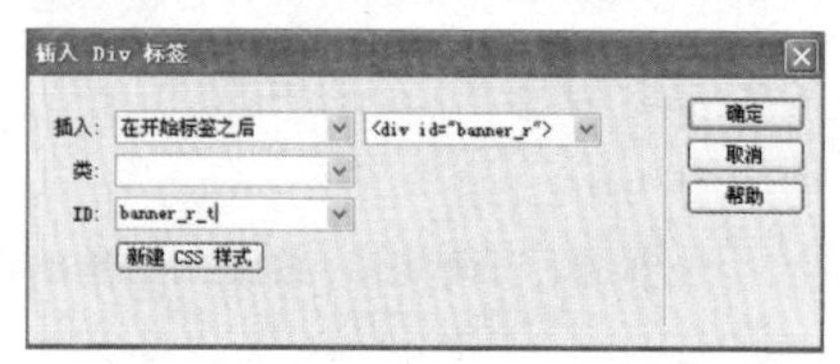

图5–82

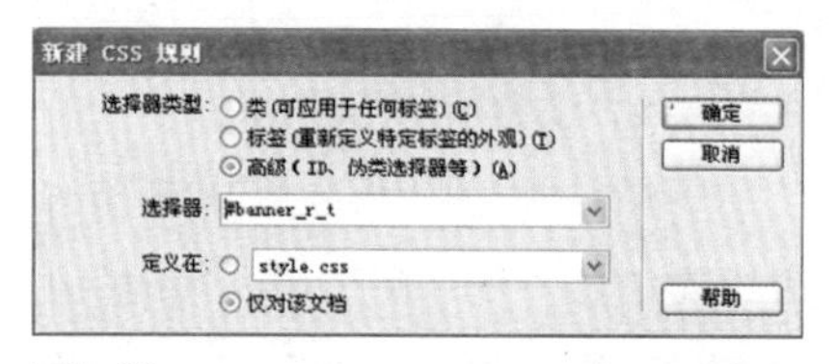

图5–83

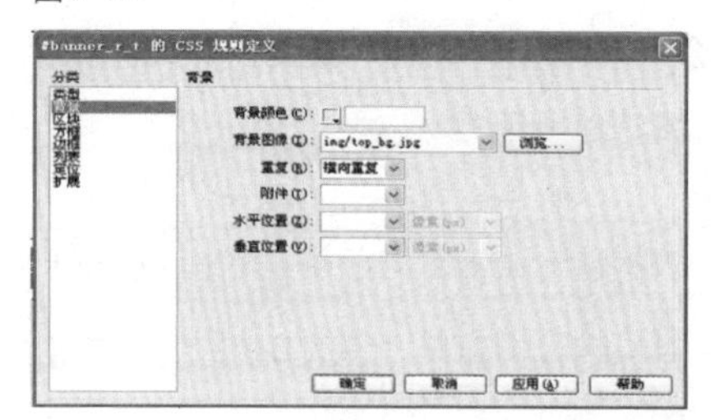

图5–84

→单击“插入Div标签”对话框上的“确定”按钮，在banner_r层中插入banner_r_t层。

→将光标放置在banner_r_t层中→单击“CSS样式”面板上的“新建CSS规则”按钮，弹出“新建CSS规则”对话框，在“选择器类型”选项组中选择“高级”单选按钮，在“选择器”下拉列表框中输入#banner_r_t选项，在“定义在”选项中选择“仅对该文档”，如图5–83所示。

→单击“确定”按钮，弹出“#banner_r_t的CSS规则定义”对话框，→在“分类”列表中选择“背景图像”属性，参数设置如图5–84所示。

→在“分类”列表中选择“方框”属性，参数设置如图5–85所示。

→单击“确定”按钮，页面显示如图5–86所示。

→分别将光标移至banner_r_t层中，单击“常用”选项卡中的“插入Div标签”图标，→弹出“插入Div标签”对话框，在banner_r_t层中插入banner_r_t_title层，在banner_r_t_title后插入banner_r_t_tab层。

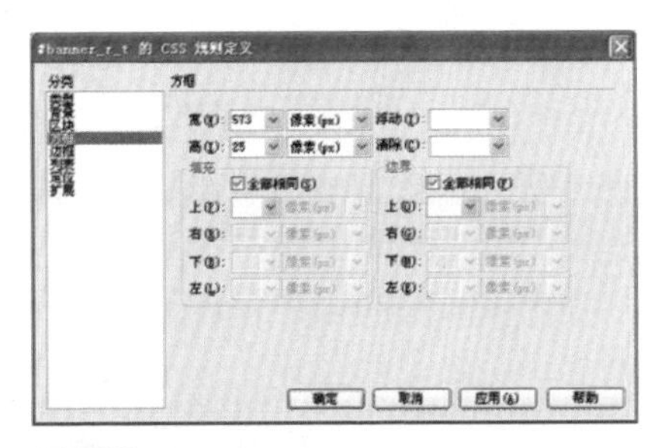

图5-85

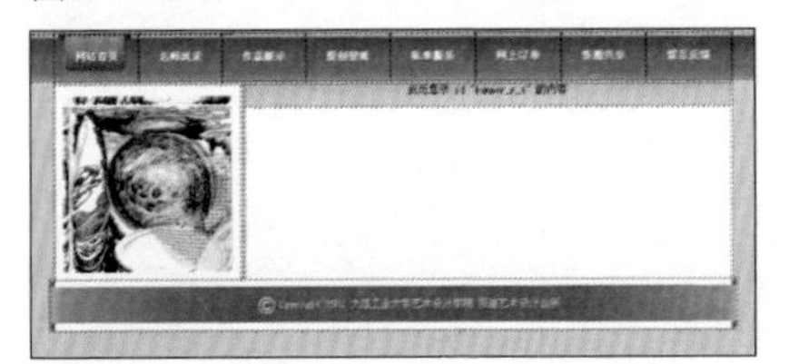

图5-86

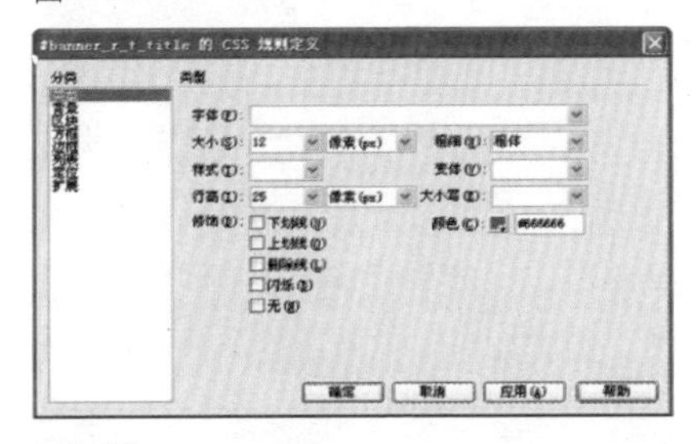

图5-87

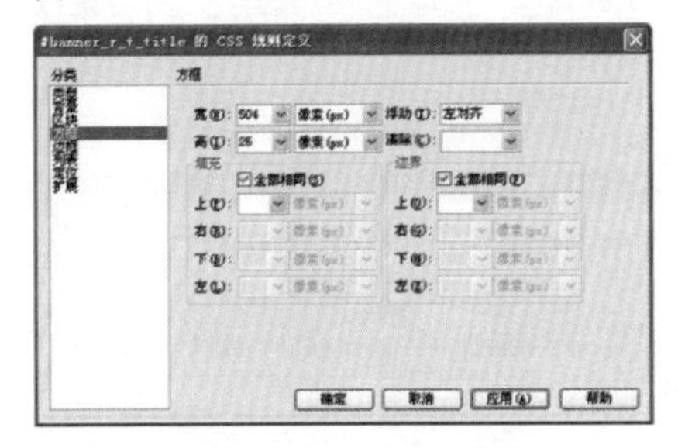

图5-88

→将光标放置在banner_r_t_title层中→单击“CSS样式”面板上的“新建CSS规则”按钮，弹出“新建CSS规则”对话框，在“选择器类型”选项组中选择“高级”单选按钮，在“选择器”下拉列表框中输入#banner_r_t_title选项，在“定义在”选项中选择“仅对该文档”。

→单击“确定”按钮，弹出“#banner_r_t_title的CSS规则定义”对话框，→在“分类”列表中选择“类型”属性，参数设置如图5-87所示。

→在“分类”列表中选择“方框”属性，参数设置如图5-88所示。并将“Broad Design Reseach Institute”复制到banner_r_t_title层中。

→将光标放置在banner_r_t_tab层中→单击“CSS样式”面板上的“新建CSS规则”按钮，弹出“新建CSS规则”对话框，在“选择器类型”选项组中选择“高级”单选按钮，在“选择器”下拉列表框中输入#banner_r_t_tab选项，在“定义在”选项中选择“仅对该文档”，如图5-89所示。

→单击“确定”按钮，弹出

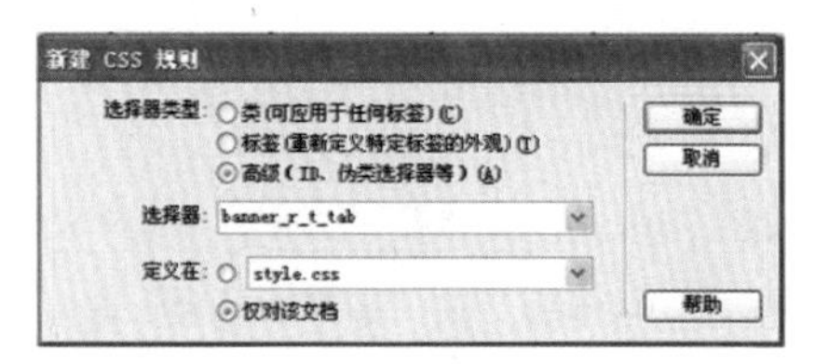

图5-89

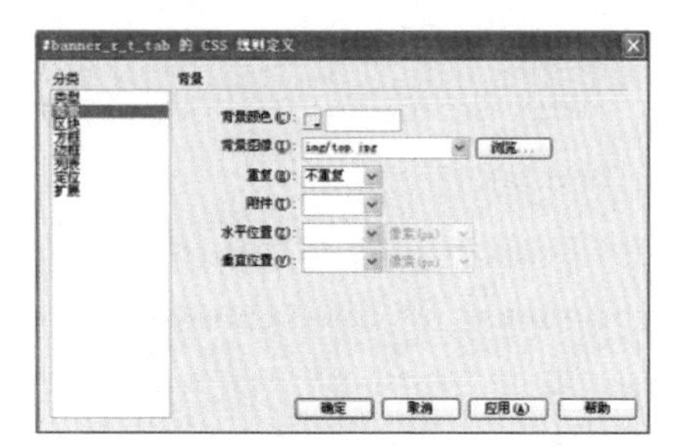

图5-90

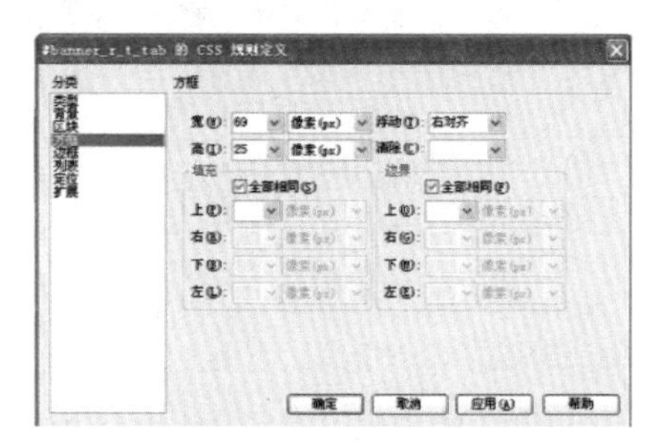

图5-91

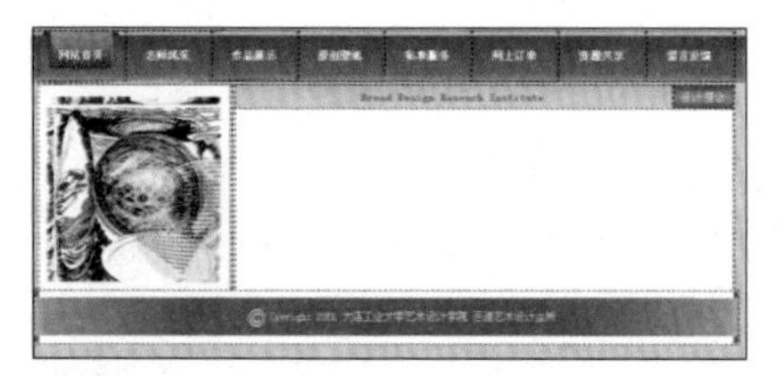

图5-92

“#banner_r_t_tab的CSS规则定义”对话框，→在“分类”列表中选择“背景图像”属性，参数设置如图5-90所示。

→在“分类”列表中选择“方框”属性，参数设置如图5-91所示。

→单击“确定”按钮，页面显示如图5-92所示。

接下来我们一起完成“Broad Design Reseach Institute设计理念”的文本制作。这里会使用“p”标签、“ul”标签、“.p”标签，请大家认真思考用法，理解地实践。

→将光标移至banner_r层中，单击“常用”选项卡中的“插入Div标签”图标，→弹出“插入Div标签”对话框，设置如图5-93所示。

→单击“插入Div标签”对话框上的“确定”按钮，在banner_r_t层后插入banner_r_t_cont层。

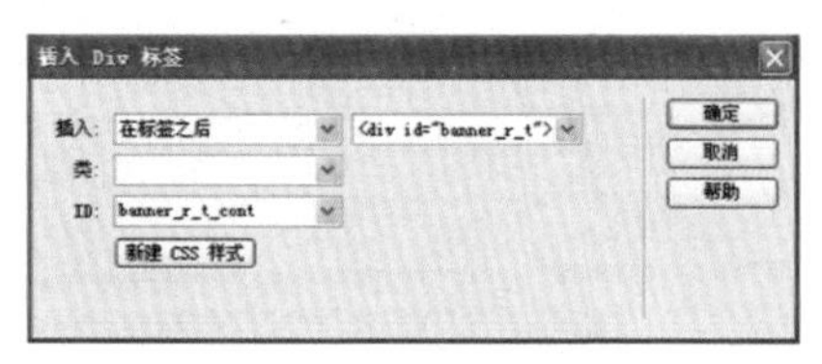

图5-93

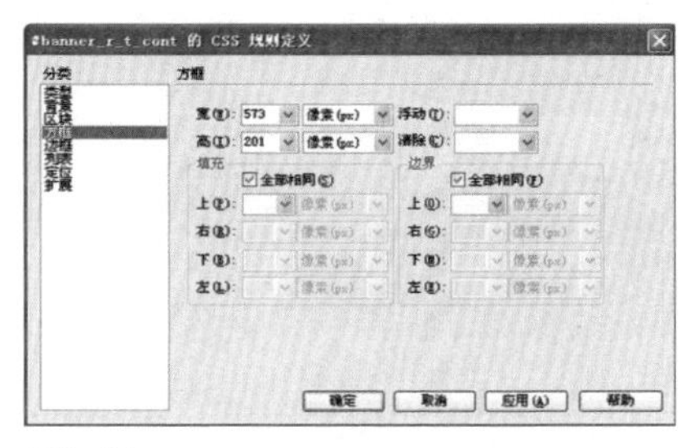

图5–94

图5–95

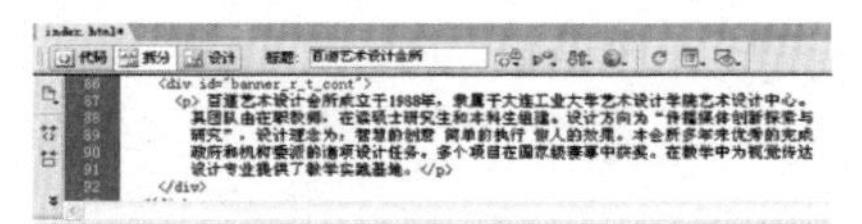
图5–96

图5–97

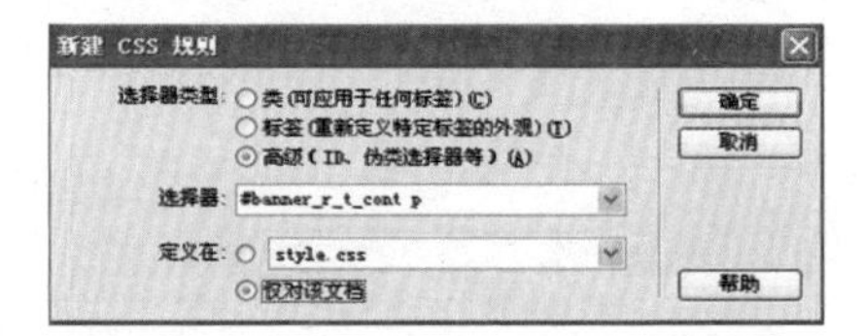

图5–98

→将光标放置在banner_r_t_cont层中→单击“CSS样式”面板上的“新建CSS规则”按钮，弹出“新建CSS规则”对话框，在“选择器类型”选项组中选择“高级”单选按钮，在“选择器”下拉列表框中输入#banner_r_t_cont选项，在“定义在”选项中选择“仅对该文档”。

→单击“确定”按钮，弹出“#banner_r_t_cont的CSS规则定义”对话框，→在“分类”列表中选择“方框”属性，参数设置如图5–94所示。

→回到代码视图，将光标置于<div id="banner_r_t_cont"></div>代码之间，→点击属性面板的格式→段落，插入p标签，如图5–95所示。

→复制文本到<p></p>之间，如图5–96、5–97所示。

→将光标放置在banner_r_t_cont层中→单击“CSS样式”面板上的“新建CSS规则”按钮，弹出“新建CSS规则”对话框，在“选择器类型”选项组中选择“高级”单选按钮，在“选择器”下拉列表框中输入#banner_r_t_cont p选项，在“定义在”选项中选择

“仅对该文档”，如图5－98所示。

→单击“确定”按钮，弹出“#banner_r_t_cont p的CSS规则定义”对话框，→在“分类”列表中选择“类型”属性，参数设置如图5－99所示。

图5－99

→在“分类”列表中选择“区块”属性，参数设置如图5－100所示。

图5－100

→在“分类”列表中选择“方框”属性，参数设置如图5－101所示。

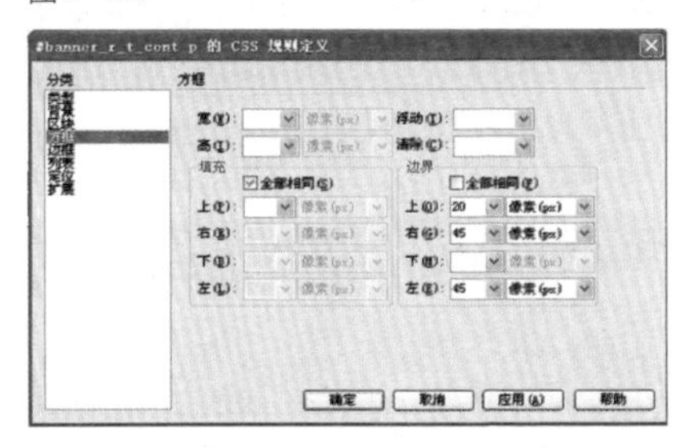

图5－101

→单击“确定”按钮，页面如图5－102所示。

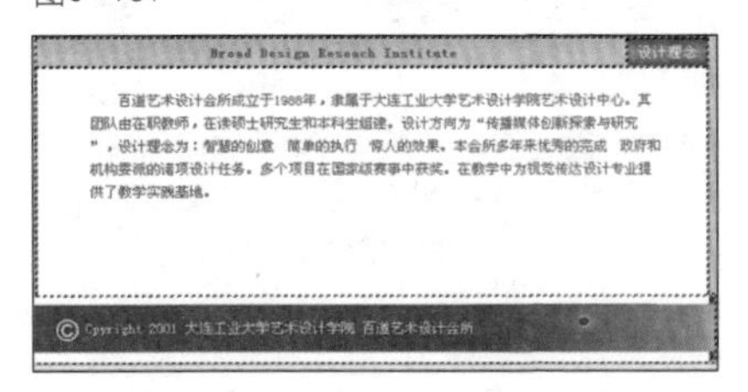

图5－102

→回到代码视图，用相同的方法插入p标签，如图5－103所示。

→将文本内容分别复制到<p></p>之间，如图5－104所示。

→回到代码视图，分别选中<p></p>及内容，→点击属性面板上的项目列表图标，生成项目列表代码，如图5－105所示。

→光标选中代码视图中的“ul”（列表块），→单击“新建CSS规则”按钮，弹出“新建CSS规则”对话框，在“选择器类型”选项组中选择“高级”单选按钮，在“选择器”下拉

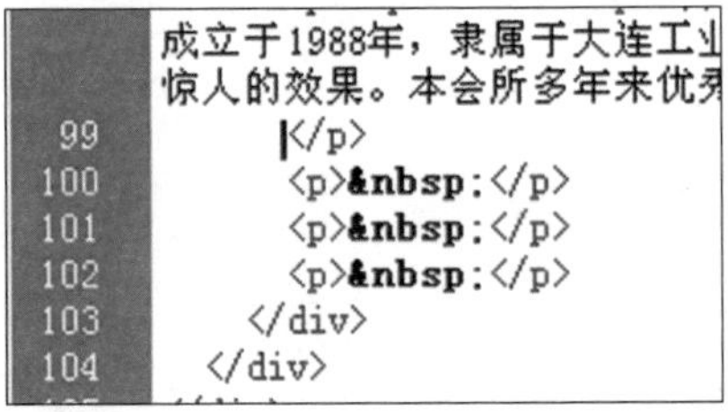

```
    成立于1988年，隶属于大连工业
    惊人的效果。本会所多年来优秀
99        </p>
100       <p> </p>
101       <p> </p>
102       <p> </p>
103     </div>
104   </div>
```

图5—103

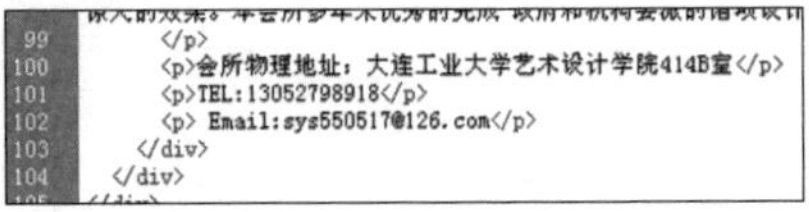

```
99        </p>
100       <p>会所物理地址：大连工业大学艺术设计学院414B室</p>
101       <p>TEL:13052798918</p>
102       <p> Email:sys550517@126.com</p>
103     </div>
104   </div>
```

图5—104

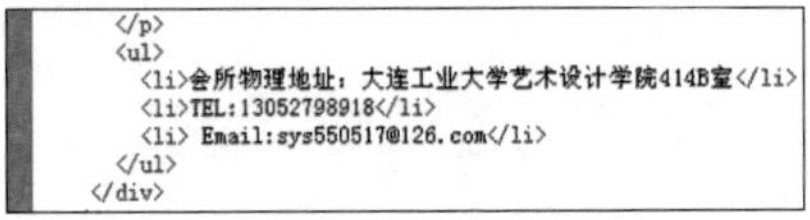

```
      </p>
      <ul>
        <li>会所物理地址：大连工业大学艺术设计学院414B室</li>
        <li>TEL:13052798918</li>
        <li> Email:sys550517@126.com</li>
      </ul>
    </div>
```

图5—105

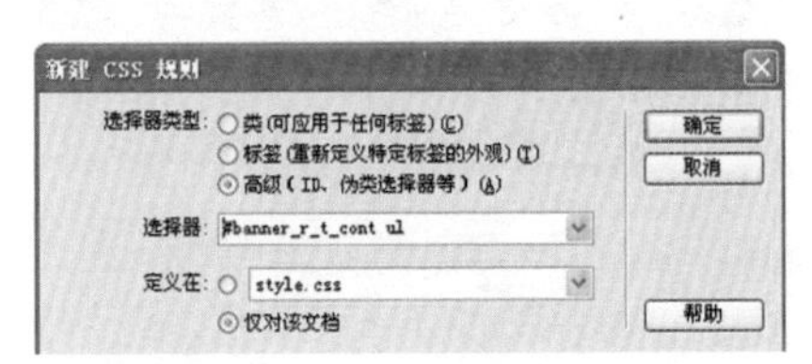

图5—106

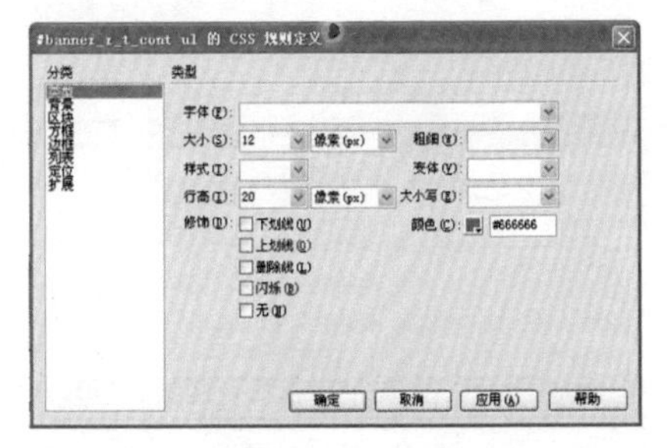

图5—107

列表框中输入#banner_r_t_cont ul选项，在“定义在”选项中选择“仅对该文档”，如图5—106所示。

→单击“确定”按钮，弹出“#banner_r_t_cont ul的CSS规则定义”对话框，→在“分类”列表中选择“类型”属性，参数设置如图5—107所示。

→在“分类”列表中选择“区块”属性，参数设置如图5—108所示。

→在“分类”列表中选择“方框”属性，参数设置如图5—109所示。

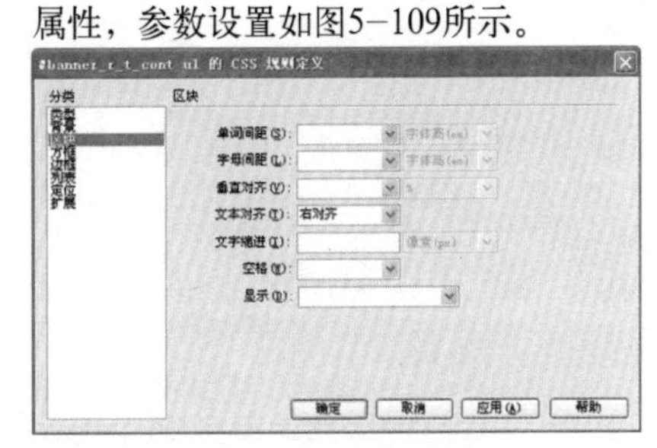

图5—108

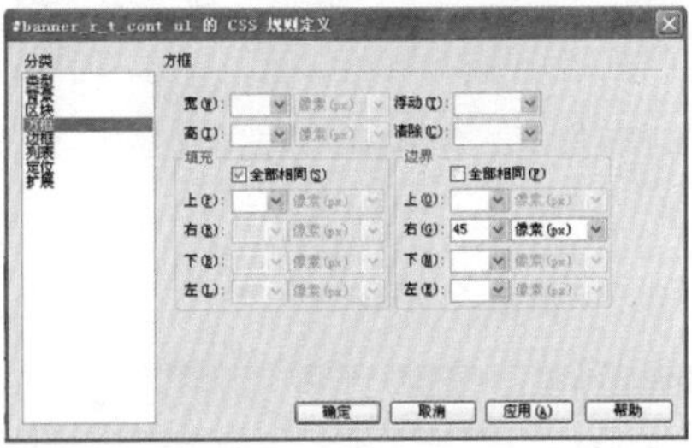

图5—109

→在“分类”列表中选择“列表”属性，参数设置如图5–110所示。

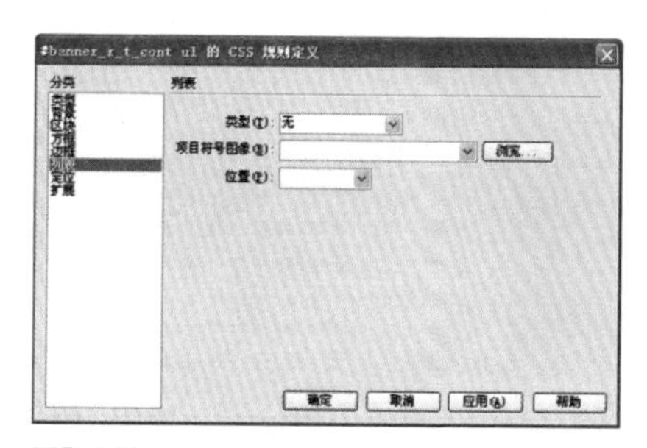

图5–110

→单击“确定”按钮，页面如图5–111所示。

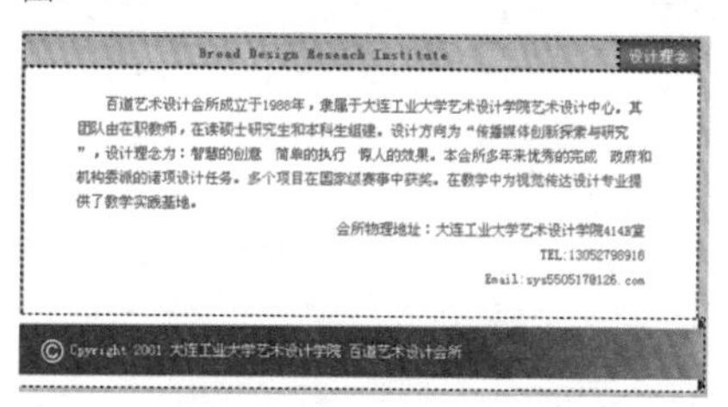
图5–111

→单击“新建CSS规则”按钮，弹出“新建CSS规则”对话框，在“选择器类型”选项组中选择“类”单选按钮，在“名称”下拉列表框中输入.p选项，在“定义在”选项中选择“仅对该文档”。

→单击“确定”按钮，弹出“.p的CSS规则定义”对话框，→在“分类”列表中选择“类型”属性，参数设置如图5–112所示，→单击“确定”按钮。

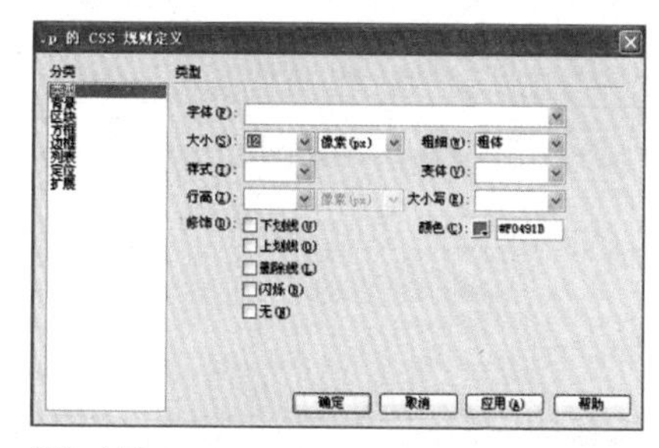

图5–112

→选中“百道艺术设计会所”字样，→属性面板→样式→点击P，页面如图5–113所示。

图5–113

→将光标移至设计窗口中，单击“插入”栏上的“常用”选项卡中的“插入Div标签”图标，→弹出“插入Div标签”对话框，设置如图5–114所示。

→单击“插入Div标签”对话框上的“确定”按钮，在banner层后插入main层。

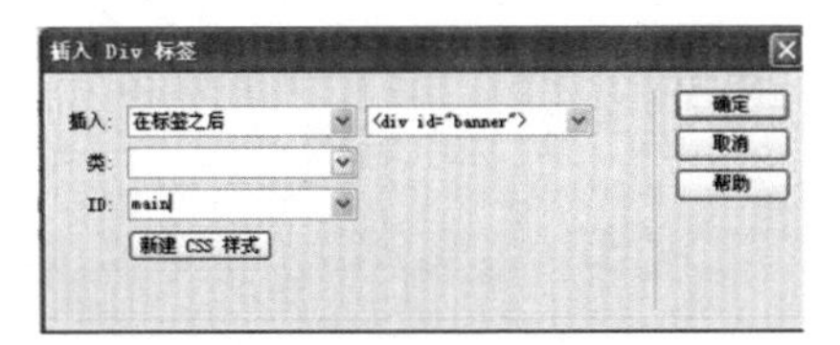

图5—114

图5—115

图5—116

→将光标放置在main层中→单击“CSS样式”面板上的“新建CSS规则”按钮，弹出“新建CSS规则”对话框，在“选择器类型”选项组中选择“高级”单选按钮，在“选择器”下拉列表框中输入#main选项，在“定义在”选项中选择“仅对该文档”。

→单击“确定”按钮，弹出“#main的CSS规则定义”对话框，→在“分类”列表中选择“背景颜色”，参数设置为#FFFFFF。

→在“分类”列表中选择“方框”，参数设置如图5—115所示。→确定，完成main容器设置。

→将光标移至设计窗口中，单击“插入”栏上的“常用”选项卡中的“插入Div标签”图标，→弹出“插入Div标签”对话框，分别在main层中插入main_title层，在main_title层后插入pattern层。

→将光标放置在main_title层中→单击“CSS样式”面板上的“新建CSS规则”按钮，弹出“新建CSS规则”对话框，在“选择器类型”选项组中选择“高级”单选按钮，在“选择器”下拉列表框中输入#main_title选项，在“定义在”选项中选择“仅对该文档”。

→单击“确定”按钮，弹出“#main_title的CSS规则定义”对话框，→在“分类”列表中选择“背景图像”，参数设置如图5—116所示。

→在“分类”列表中选择“区块”，→“文本对齐”→左对齐。

→在“分类”列表中选择“方框”，参数设置如图5-117所示。→确定，完成main_title设置。

→将光标置于main_title层中，选择常用面板上的“插入图像”图标，插入图像top01.jpg。

→将光标放置在pattern层中→单击“CSS样式”面板上的“新建CSS规则”按钮，弹出“新建CSS规则”对话框，在“选择器类型”选项组中选择“高级”单选按钮，在“选择器”下拉列表框中输入#pattern选项，在“定义在”选项中选择“仅对该文档”。

→单击“确定”按钮，弹出“#pattern的CSS规则定义”对话框，→在“分类”列表中选择“背景图像”，参数设置如图5-118所示。

→在“分类”列表中选择“区块”，→“文本对齐”→右对齐。

→在“分类”列表中选择“方框”，参数设置如图5-119所示。→确定，完成pattern设置。页面如图5-120所示。

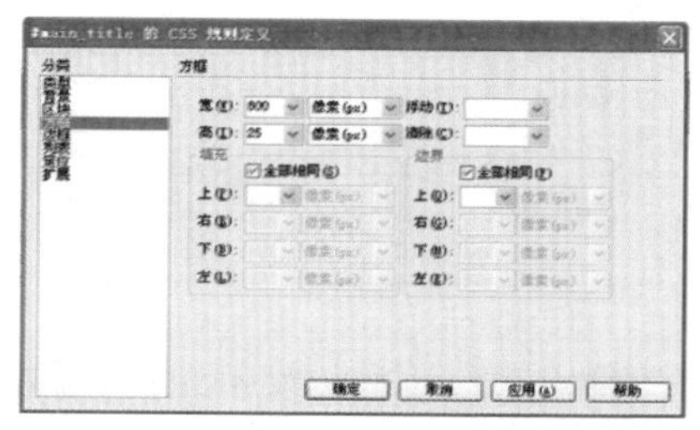

图5-117

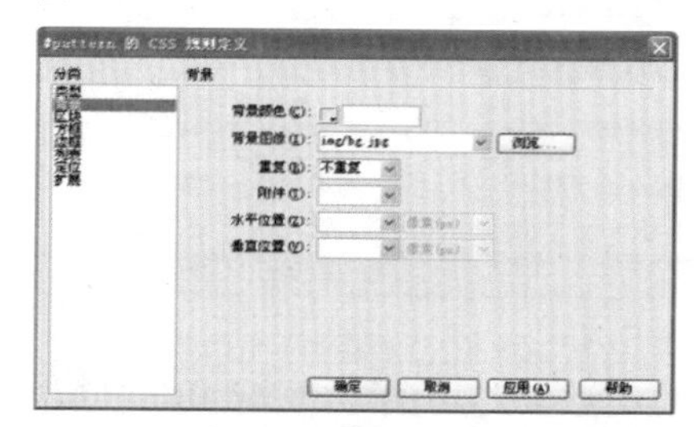

图5-118

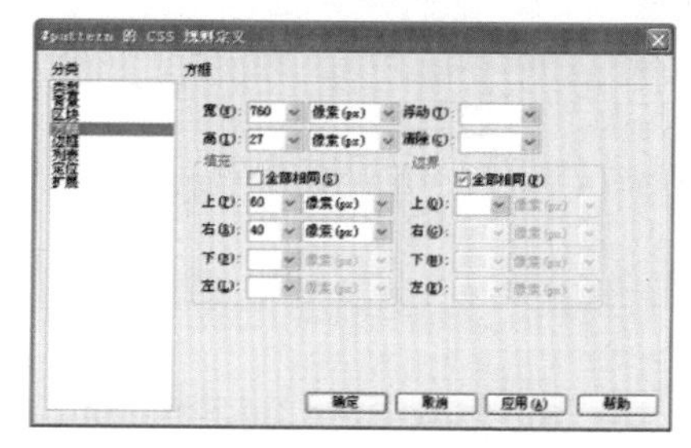

图5-119

图5-120

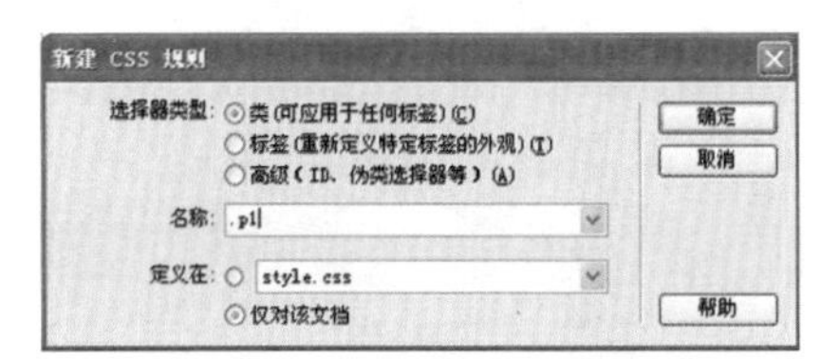

图5—121

图5—122

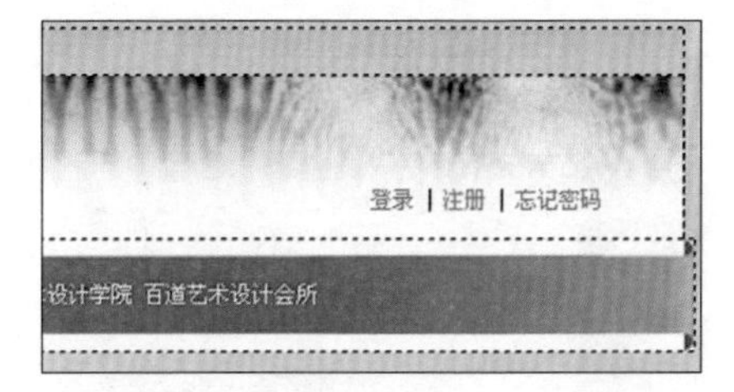

图5—123

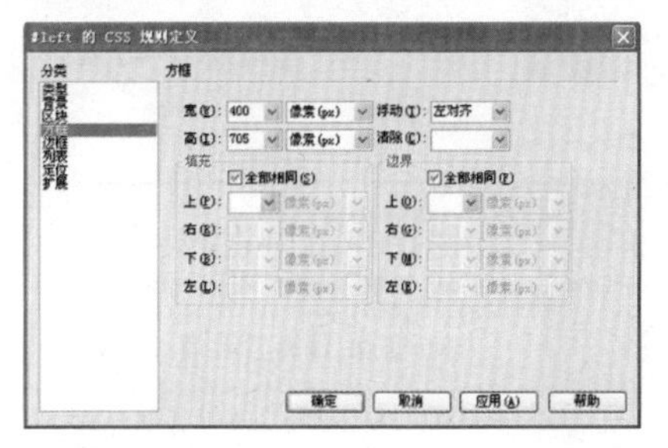

图5—124

→将“登录|注册|忘记密码”复制到pattern层中。

→单击“CSS样式”面板上的“新建CSS规则”按钮，弹出“新建CSS规则”对话框，在“选择器类型”选项组中选择“类”单选按钮，在“名称”下拉列表框中输入.p1选项，在“定义在”选项中选择“仅对该文档”。如图5—121所示。

→单击“确定”按钮，弹出“.p1的CSS规则定义”对话框，→在“分类”列表中选择“类型”，“颜色”设置为#666666。

→在“分类”列表中选择“方框”，参数设置如图5—122所示。→确定。

→分别选中。登录、注册、忘记密码，在属性面板上→样式→p1，页面如图5—123所示。

→将光标移至设计窗口中，单击“常用”选项卡中的“插入Div标签”图标，→弹出“插入Div标签”对话框，分别在pattern层后插入left层，在left层后插入right层。

→将光标放置在left层中→单击

"CSS样式"面板上的"新建CSS规则"按钮，弹出"新建CSS规则"对话框，在"选择器类型"选项组中选择"高级"单选按钮，在"选择器"下拉列表框中输入#left选项，在"定义在"选项中选择"仅对该文档"。

→单击"确定"按钮，弹出"#left的CSS规则定义"对话框，→在"分类"列表中选择"方框"，参数设置如图5-124所示。

→将光标放置在right层中→单击"CSS样式"面板上的"新建CSS规则"按钮，弹出"新建CSS规则"对话框，在"选择器类型"选项组中选择"高级"单选按钮，在"选择器"下拉列表框中输入#right选项，在"定义在"选项中选择"仅对该文档"。

→单击"确定"按钮，弹出"#right的CSS规则定义"对话框，→在"分类"列表中选择"方框"，参数设置如图5-125所示。

→单击F12，测试网页在浏览器中的显示效果，如图5-126所示。

通过以上的制作实践，我们已经掌握了方法，应该理解了div和css的关系

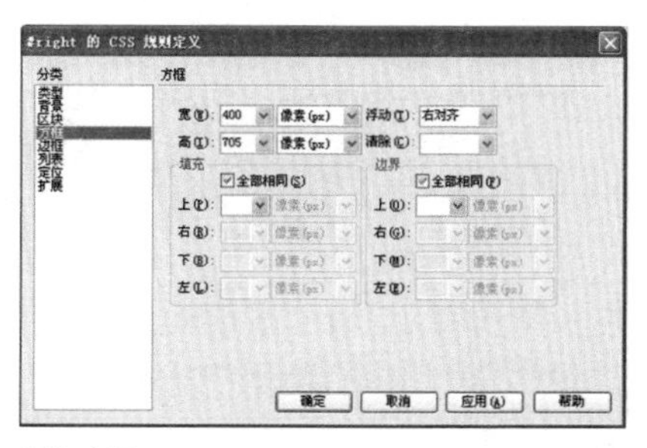

图5-125

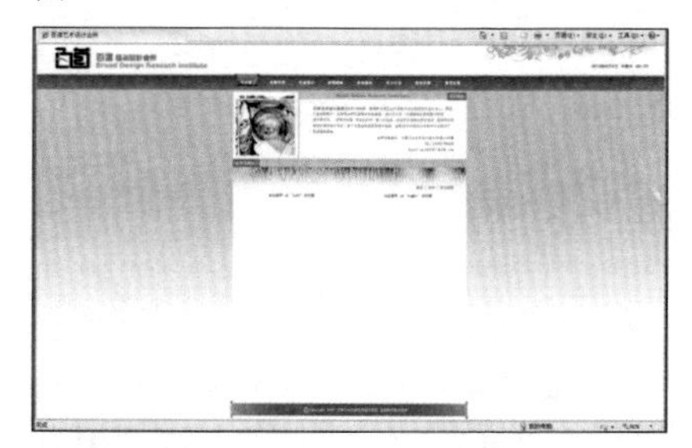

图5-126

```
160  <div id="main">
161    <div id="main_title">
162    <div  id="pattern"><s
163    <div id="left">
164      <h1> </h1>
165    </div>
166    <div id="right">此处
```

图5-127

```
160  <div id="main">
161    <div id="main_title"><img src
162    <div  id="pattern"><span clas
163    <div id="left">
164      <h1>著作 课件及奖项</h1>
165    </div>
166    <div id="right">此处显示  id
```

图5-128

（架构与表现的分离）。下面，我们一起完成“会所大事记”的制作。这里会用到h标签、文图混排等技术，希望大家理解地实践。

首先删除页面中“此处显示 id "left"的内容”字样。

→回到代码视图→将光标置于代码<div id="left"></div>之间，→属性面板→格式→标题1，在<div id="left"></div>中插入h1标签。如图5-127所示。→复制“著作课件及奖项”到<h1></h1>之间，如图5-128所示。

→单击“CSS样式”面板上的“新建CSS规则”按钮，弹出“新建CSS规则”对话框，在“选择器类型”选项组中选择“标签”单选按钮，在“标签”下拉列表框中输入h1选项，在“定义在”选项中选择“仅对该文档”。

→单击“确定”按钮，弹出“h1的CSS规则定义”对话框，→在“分类”列表中选择“类型”，参数设置如图5-129所示。

→在“分类”列表中选择“区块”，→文本对齐→左对齐。

→在“分类”列表中选择“方框”，→边界→左→50px→下→10px。→确定，完成h1的样式定义。

→回到代码视图→将光标置于代码<h1>著作 课件及奖项</h1>之后，→回车→插入图像图标→插入图像book.jpg，刷新。→将光标置于代码<img src="img/book.jpg"/>之后，→回车→属性面板→格式→段落→加入<p></p>标签，→复制文本内容到<p></p>中，→刷新，如图5-130、5-131所示。

→返回设计视图→选中刚刚插入的图片（book.jpg），→属性面板→图像

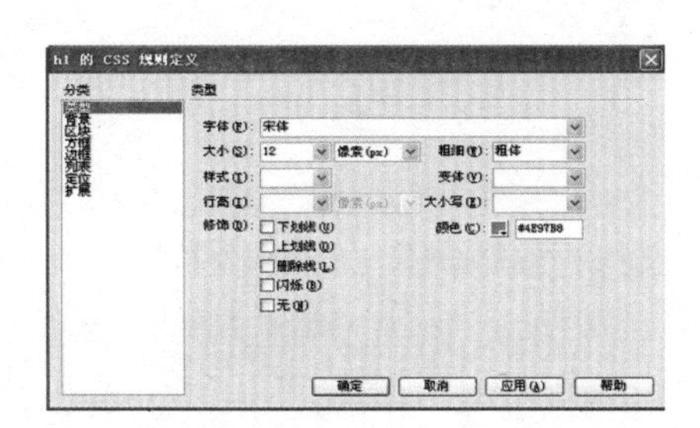

图5—129

```
    <h1>著作 课件及奖项</h1>
    <img src="img/book.jpg" />
      <p>2001年会所负责人撰写的著作《构成基础学》
      由辽宁美术出版社正式出版，同年该书被辽宁
      省教委定义为视觉传达专业自考教材。现已
      发行18000册。</p>
  </div>
  <div id="right">此处显示  id "right" 的内容</div>
</div>
```

图5—130

→命名为pic，如图5–132所示。

→单击“CSS样式”面板上的“新建CSS规则”按钮，弹出“新建CSS规则”对话框，在“选择器类型”选项组中选择“高级”单选按钮，在“选择器”下拉列表框中输入#pic选项，在“定义在”选项中选择“仅对该文档”。

→单击“确定”按钮，弹出“#pic的CSS规则定义”对话框，→在“分类”列表中选择“方框”，参数设置如图5–133所示。→确定。

→单击“CSS样式”面板上的“新建CSS规则”按钮，弹出“新建CSS规则”对话框，在“选择器类型”选项组中选择“标签”单选按钮，在“标签”下拉列表框中输入p选项，在“定义在”选项中选择“仅对该文档”。

→单击“确定”按钮，弹出“p的CSS规则定义”对话框，→在“分类”列表中选择“类型”，参数设置如图5–134所示。→确定。

→在“分类”列表中选择“区块”，→“文本对齐”，→两端对齐→“显示”→块。→确定。

图5–131

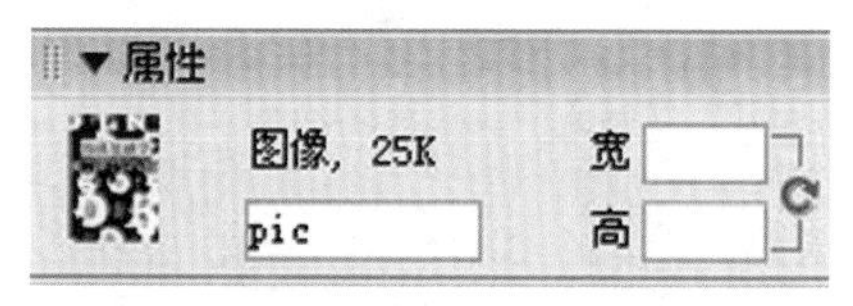

图5–132

图5–133

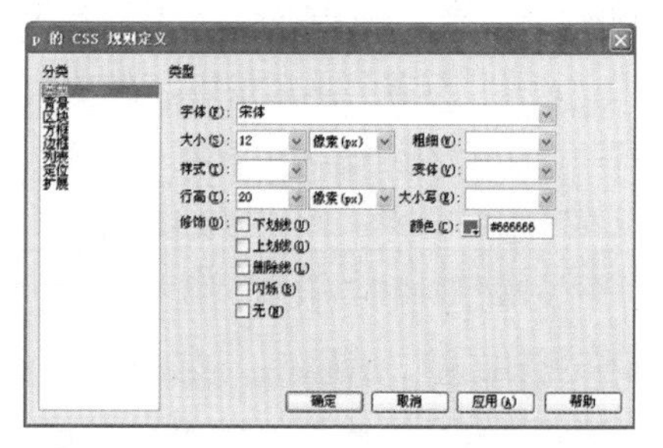

图5–134

→选中段落文本→单击“CSS样式”面板上的“新建CSS规则”按钮，弹出“新建CSS规则”对话框，在

“选择器类型”选项组中选择“高级”单选按钮，在“选择器”下拉列表框中输入#left p选项，在“定义在”选项中选择“仅对该文档”。

→单击“确定”按钮，弹出“#left p的CSS规则定义”对话框，→在“分类”列表中选择“方框”，参数设置如图5-135所示。→确定。

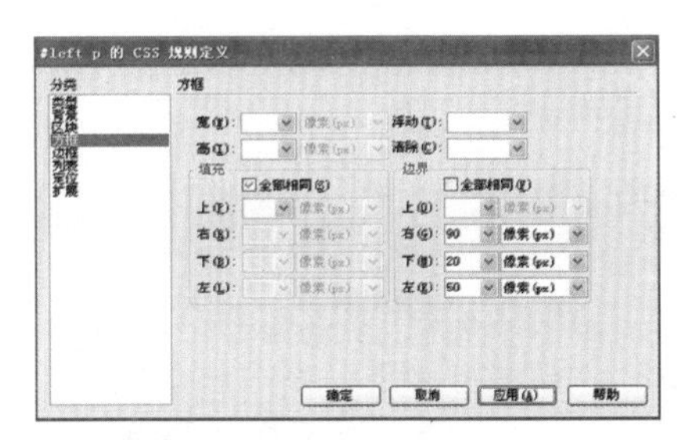

图5-135

→用相同的方法制作下一段落文本，代码和页面如图5-136、5-137所示。

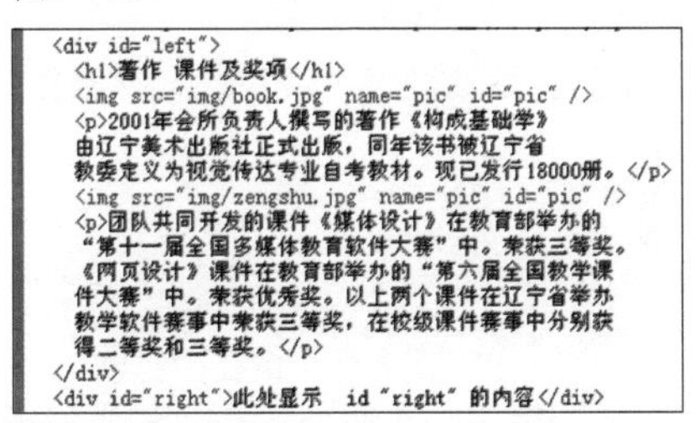

```
<div id="left">
  <h1>著作 课件及奖项</h1>
  <img src="img/book.jpg" name="pic" id="pic" />
  <p>2001年会所负责人撰写的著作《构成基础学》
  由辽宁美术出版社正式出版，同年该书被辽宁省
  教委定义为视觉传达专业自考教材。现已发行18000册。</p>
  <img src="img/zengshu.jpg" name="pic" id="pic" />
  <p>团队共同开发的课件《媒体设计》在教育部举办的
  “第十一届全国多媒体教育软件大赛”中。荣获三等奖。
  《网页设计》课件在教育部举办的“第六届全国教学课
  件大赛”中。荣获优秀奖。以上两个课件在辽宁省举办
  教学软件赛事中荣获三等奖，在校级课件赛事中分别获
  得二等奖和三等奖。</p>
</div>
<div id="right">此处显示 id "right" 的内容</div>
```

图5-136

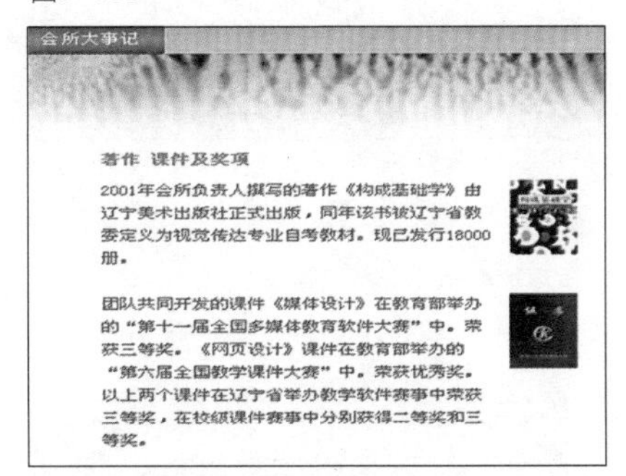

图5-137

→用相同的方法完成“作品 赛事奖项”的标题制作。→回到代码视图，将光标置于<h1>作品 赛事 奖项</h1>之后，回车。

→单击“常用”选项卡中的“插入Div标签”图标，→弹出“插入Div标签”对话框，插入awards层。如图5-138所示。

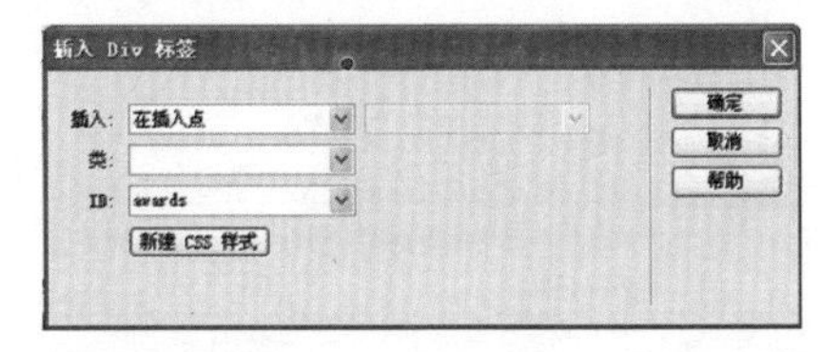

图5-138

→单击“常用”选项卡中的“插入Div标签”图标，→弹出“插入Div标签”对话框，在awards层中插入pic1层。

→单击“CSS样式”面板上的“新建CSS规则”按钮，弹出“新建CSS

规则”对话框，在“选择器类型”选项组中选择“高级”单选按钮，在“选择器”下拉列表框中输入#awards选项，在“定义在”选项中选择“仅对该文档”。

→单击“确定”按钮，弹出“#awards规则定义”对话框，→在“分类”列表中选择“类型”，参数设置如图5-139所示。

→在“分类”列表中选择“区块”，→文本对齐→两端对齐。

→在“分类”列表中选择“方框”，参数设置如图5-140所示，完成#awards的样式定义，并将文本内容复制到awards层中。

→单击“CSS样式”面板上的“新建CSS规则”按钮，弹出“新建CSS规则”对话框，在“选择器类型”选项组中选择“高级”单选按钮，在“选择器”下拉列表框中输入#pic1选项，在“定义在”选项中选择“仅对该文档”。

→单击“确定”按钮，弹出“#pic1规则定义”对话框，→在“分类”列表中选择“背景”，→背景图像

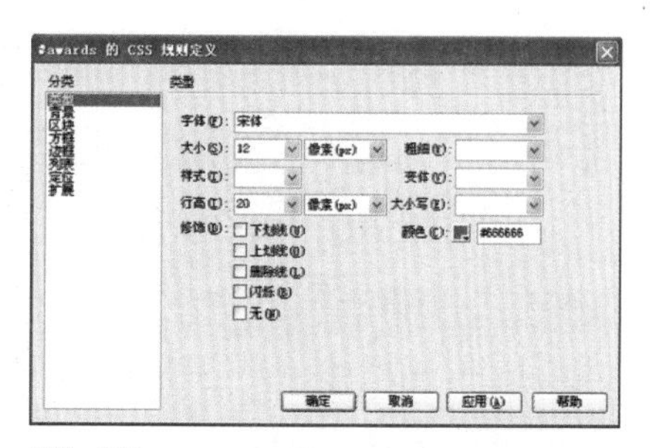

图5-139

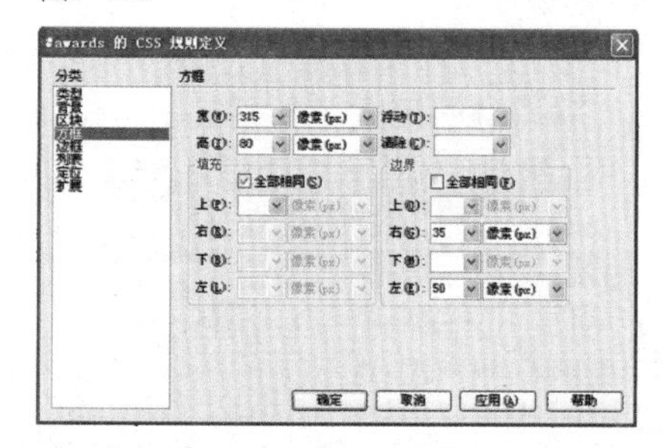

图5-140

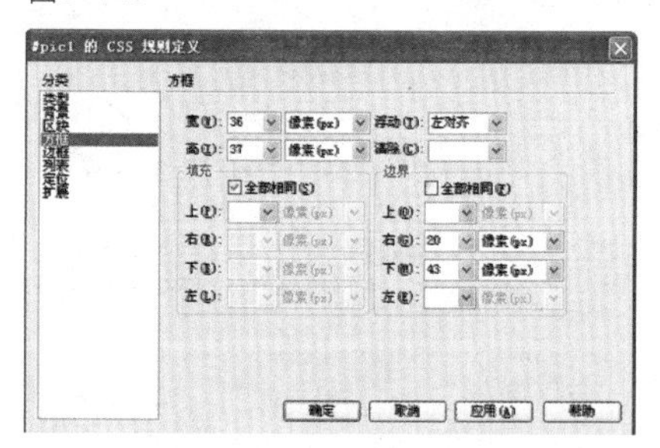

图5-141

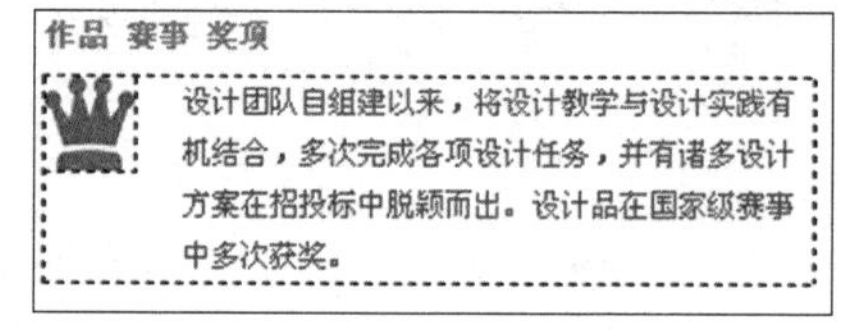

图5-142

```
    设计团队自组建以来，将设计教学
    机结合，多次完成各项设计任务，
    设计品在国家级赛事
    中多次获奖。</div>
    <h2>获奖案例欣赏</h2>
  </div>
  <div id="right">此处显示  id "r
```

图5—143

图5—144

图5—145

```
  中多次获奖。</div>
  <h2>获奖案例欣赏</h2>
  <p>东北财经大学大学生餐饮文化中心室内设计方案</p>
  <p>上海浦东新区景观设计方案</p>
  <p>大连华城酒店室内设计方案</p>
  <p>大连西道渔具制造所VI设计</p>
  <p>山东泰安食品工业集团VI设计</p>
  <p>深圳太公渔具品牌开发设计方案</p>
</div>
<div id="right">此处显示  id "right" 的内容</div>
```

图5—146

```
<ul>
  <li>东北财经大学大学生餐饮文化中心室内设计方案</li>
  <li>上海浦东新区景观设计方案</li>
  <li>大连华城酒店室内设计方案</li>
  <li>大连西道渔具制造所VI设计</li>
  <li>山东泰安食品工业集团VI设计</li>
  <li>深圳太公渔具品牌开发设计方案</li>
</ul>
```

图5—147

→插入img/cop/gif→重复→不重复。

→在“分类”列表中选择“方框”，参数设置如图5—141所示。确定。页面如图5—142所示。

→返回到代码视图，插入<h2></h2>标签，→复制标题内容至<h2>获奖案例欣赏</h2>之间。如图5—143所示。

→单击“CSS样式”面板上的“新建CSS规则”按钮，弹出“新建CSS规则”对话框，在“选择器类型”选项组中选择“标签”单选按钮，在“标签”下拉列表框中输入h2选项，在“定义在”选项中选择“仅对该文档”。

→单击“确定”按钮，弹出“h2规则定义”对话框，→在“分类”列表中选择“类型”，参数设置如图5—144所示。

→在“分类”列表中选择“区块”，→文本对齐→左对齐。

→在“分类”列表中选择“方框”，参数设置如图5—145所示。确定。

→返回到代码视图，插入p标签6行，→复制内容至<p></p>之间，如

图5-146所示。

→选中所有p标签→属性面板→点击项目列表图标，生成项目列表代码。如图5-147所示。

→返回到代码视图，选中ul标签，→单击“CSS样式”面板上的“新建CSS规则”按钮，弹出“新建CSS规则”对话框，在“选择器类型”选项组中选择“高级”单选按钮，在“选择器”下拉列表框中输入#left ul选项，在“定义在”选项中选择“仅对该文档”。

→单击“确定”按钮，弹出“#left ul规则定义”对话框，→在“分类”列表中选择“类型”，参数设置如图5-148所示。

→在“分类”列表中选择“背景”，参数设置如图5-149所示。

→在“分类”列表中选择“区块”，参数设置如图5-150所示。

→在“分类”列表中选择“方框”，参数设置如图5-151所示。

→在“分类”列表中选择“列表”，参数设置如图5-152所示。

→返回到代码视图，选中li标签，

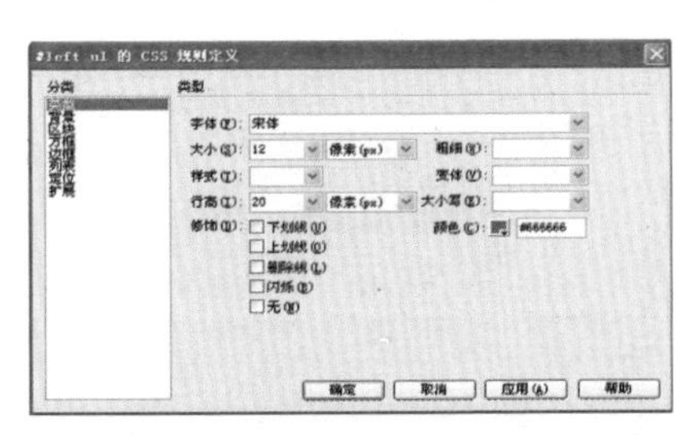

图5-148

图5-149

图5-150

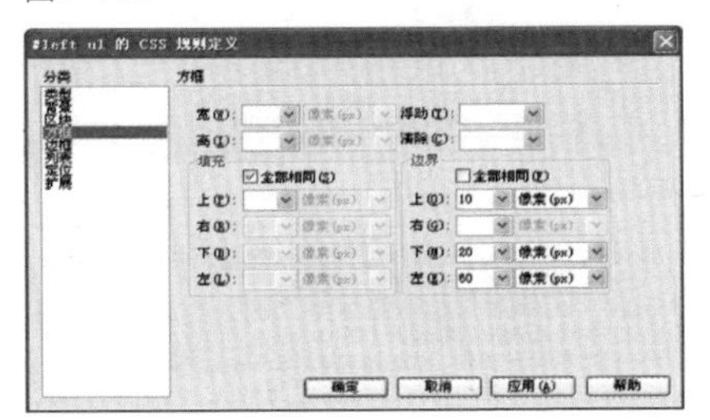

图5-151

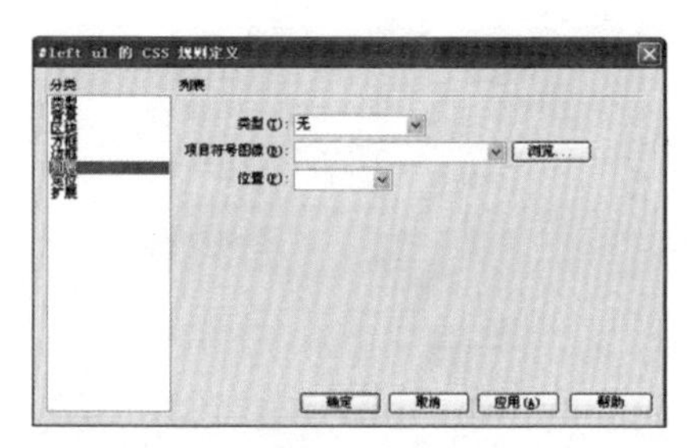

图5-152

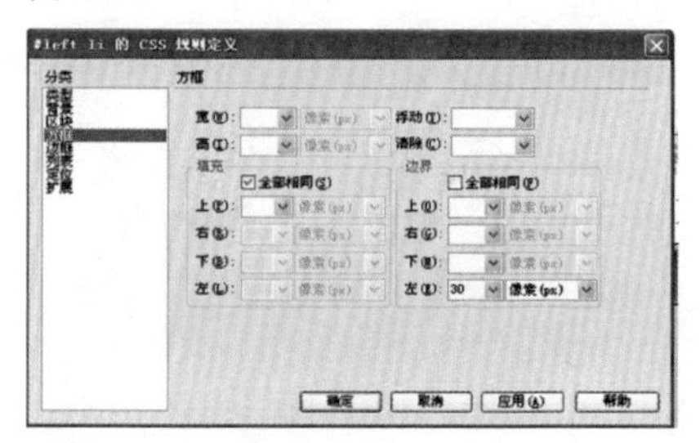

图5-153

```
252     <h2>获奖案例欣赏</h2>
253     <ul>
254       <li>东北财经大学大学生餐饮文化中心室内设计方案</li>
255       <li>上海浦东新区景观设计方案</li>
256       <li>大连华城酒店室内设计方案</li>
257       <li>大连西道渔具制造所VI设计</li>
258       <li>山东泰安食品工业集团VI设计</li>
259       <li>深圳太公渔具品牌开发设计方案</li>
260     </ul>
261     <h2>获奖作品欣赏</h2>
262
263     <ul>
264       <li>招贴设计《节水系列》</li>
265       <li>数码插图《感悟Digital》</li>
266       <li>招贴设计《风度》《看图识字新编》《结构？结构！》</li>
267     </ul>
268   </div>
269   <div id="right">此处显示  id "right" 的内容</div>
```

图5-154

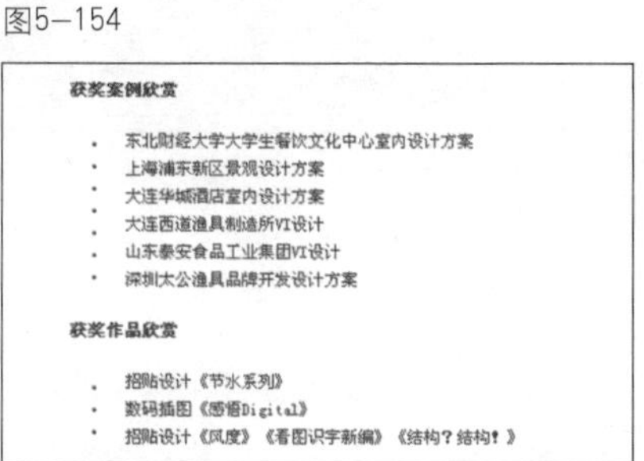

图5-155

→单击“CSS样式”面板上的“新建CSS规则”按钮，弹出“新建CSS规则”对话框，在“选择器类型”选项组中选择“高级”单选按钮，在“选择器”下拉列表框中输入#left li选项，在“定义在”选项中选择“仅对该文档”。

→单击“确定”按钮，弹出“#left li规则定义”对话框，→在“分类”列表中选择“方框”，参数设置如图5-153所示。

→用相同的方法完成“获奖作品欣赏”的制作。→点击键盘上的F12键，测试网页在浏览器中的显示效果。代码如图5-154所示，页面测试如图5-155所示（局部）。

我们完成了“会所大事记”左栏的制作，接下来，我们实践右栏的制作。制作时应主动应用所学知识，多思考，多判断，举一反三。

→将光标移至right层中，单击“常用”选项卡中的“插入Div标签”图标，→弹出“插入Div标签”对话框，在right层中插入right_title层，用相同的方法在right_title层中插入right_ title_tab层。

→将光标放置在right_title层中→单击“CSS样式”面板上的“新建CSS规则”按钮，弹出“新建CSS规则”对话框，在“选择器类型”选项组中选择“高级”单选按钮，在“选择器”下拉列表框中输入#right_title选项，在“定义在”选项中选择“仅对该文档”。

→单击“确定”按钮，弹出“#right_title的CSS规则定义”对话框，→在“分类”列表中选择“类型”，参数设置如图5-156所示。

→在“分类”列表中选择“区块”，→文本对齐→左对齐。

→在“分类”列表中选择“方框”，参数设置如图5-157所示，→确定，输入相应文字。

→将光标放置在right_title_tab层中→单击“CSS样式”面板上的“新建CSS规则”按钮，弹出“新建CSS规则”对话框，在“选择器类型”选项组中选择“高级”单选按钮，在“选择器”下拉列表框中输入#right_title_tab选项，在“定义在”选项中选择“仅对该文档”。

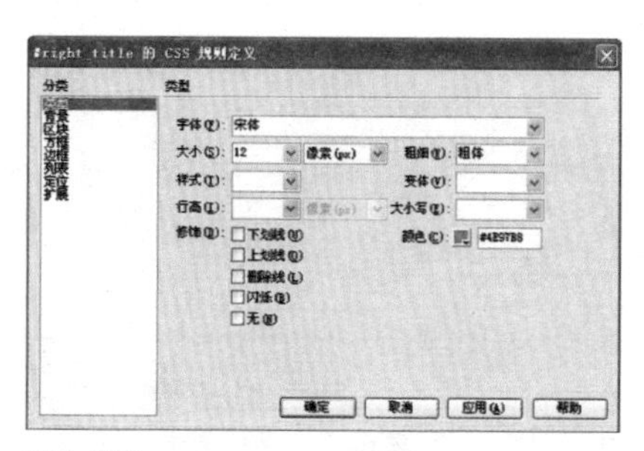

图5-156

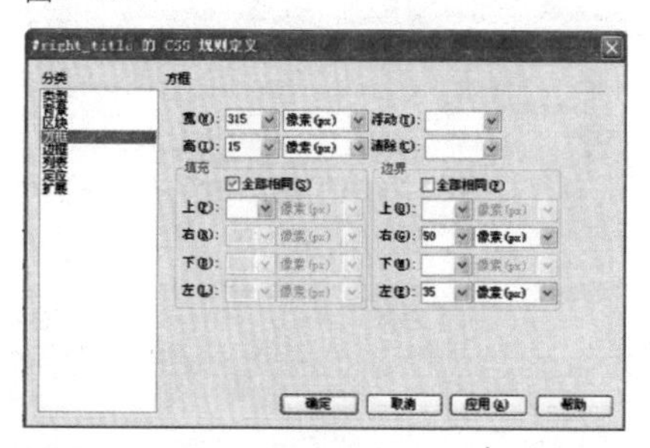

图5-157

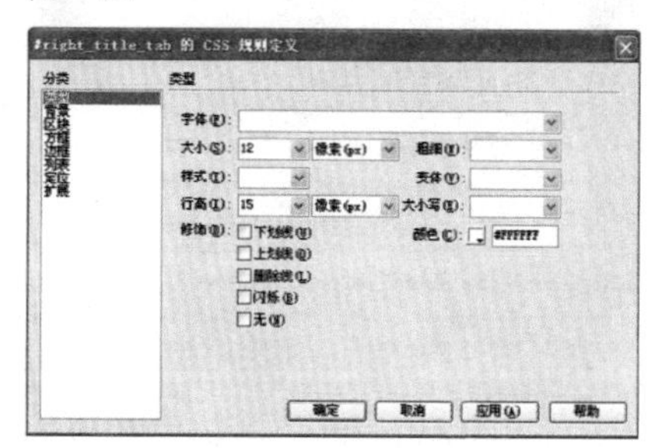

图5-158

→单击“确定”按钮，弹出“#right_title_tab的CSS规则定义”对话框，→在“分类”列表中选择“类

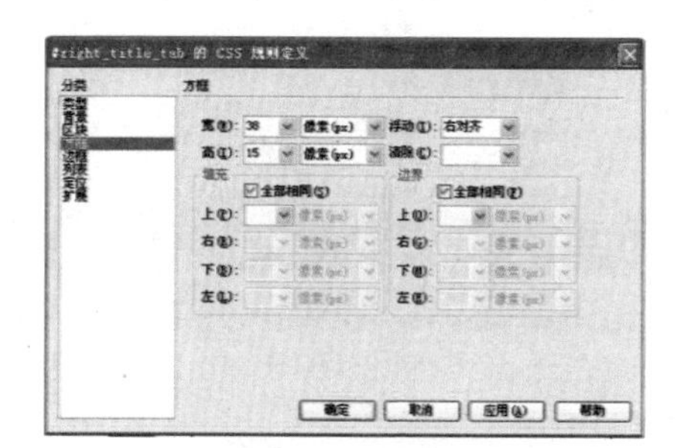

图5-159

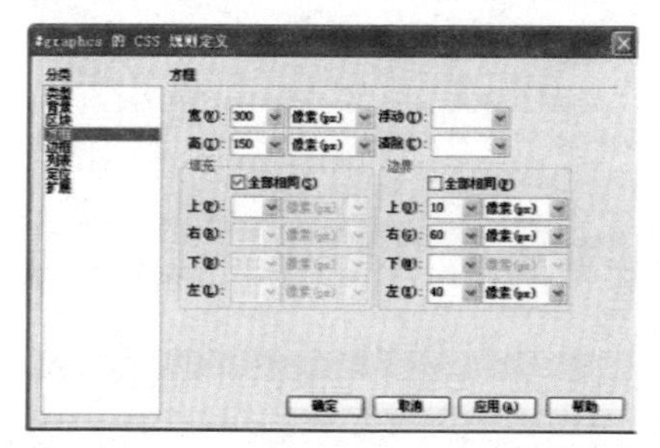

图5-160

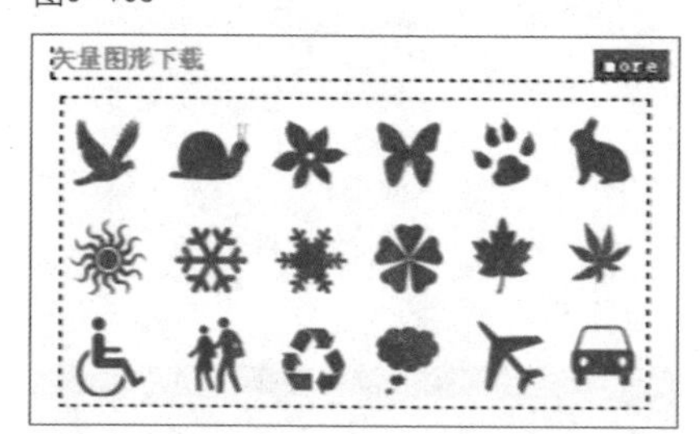

图5-161

型”，参数设置如图5-158所示。

→在“分类”列表中选择“背景”，→背景颜色→#CC0000。

→在“分类”列表中选择“区块”，→文本对齐→居中。

→在“分类”列表中选择“方框”，参数设置如图5-159所示。→确定→输入相应文字。

→单击“常用”选项卡中的“插入Div标签”图标，→弹出“插入Div标签”对话框，在right_title层后插入graphics层。

→将光标放置在graphics层中→单击“CSS样式”面板上的“新建CSS规则”按钮，弹出“新建CSS规则”对话框，在“选择器类型”选项组中选择“高级”单选按钮，在“选择器”下拉列表框中输入#graphics选项，在“定义在”选项中选择“仅对该文档”。

→单击“确定”按钮，弹出“#graphics的CSS规则定义”对话框，→在“分类”列表中选择“区块”，→文本对齐→左对齐。

→在“分类”列表中选择“方框”，参数设置如图5-160所示，确定。

→将光标置于graphics层中，→点击“常用”面板上的插入图像按钮，依次插入矢量图形。页面如图5-161所示。

→用学过的方法制作“原创壁纸欣赏”标题。（过程不重复了，相信你一定行的！）

下面我们使用列表的方法，完成“原创壁纸欣赏”栏目的制作，这也是比较时尚的技术。

→回到代码视图，将光标置于<div id="imgtitle_tab">more</div> 原创壁纸欣赏</div>后，→回车→使用“常用”选项栏上的插入图像图标，依次插入pic1.gif至pic8.gif，代码如图5-162所示。→选中所有<img src="img/pic1.gif"/>代码，→点击属性面板上的项目列表图标，→修改代码后，如图5-163所示。

→选中代码ul→单击“CSS样式”面板上的“新建CSS规则”按钮，弹出“新建CSS规则”对话框，在“选择器类型”选项组中选择“高级”单选按钮，在“选择器”下拉列表框中输入#right ul选项，在“定义在”选项中选择“仅对该文档”。

→单击“确定”按钮，弹出“#right ul的CSS规则定义”对话

```
<div id="imgtitle_tab">more</div>
原创壁纸欣赏</div>
<img src="img/pic1.gif" />
<img src="img/pic2.gif" />
<img src="img/pic3.gif" />
<img src="img/pic4.gif" />
<img src="img/pic5.gif" />
<img src="img/pic6.gif" />
<img src="img/pic7.gif" />
<img src="img/pic8.gif" />
```

图5-162

```
<ul>
  <li><img src="img/pic1.gif" /></li>
  <li><img src="img/pic2.gif" /></li>
  <li><img src="img/pic3.gif" /></li>
  <li><img src="img/pic4.gif" /></li>
  <li><img src="img/pic5.gif" /></li>
  <li><img src="img/pic6.gif" /></li>
  <li><img src="img/pic7.gif" /></li>
  <li><img src="img/pic8.gif" /></li>
</ul>
```

图5-163

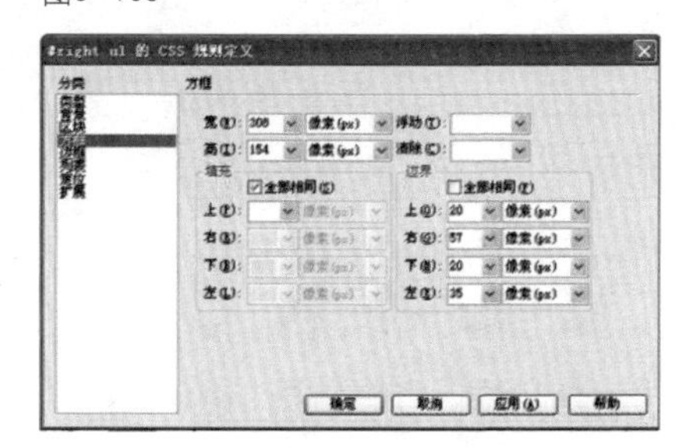

图5-164

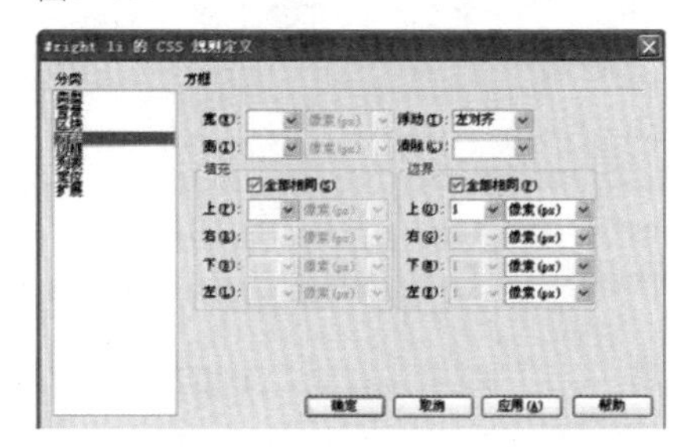

图5-165

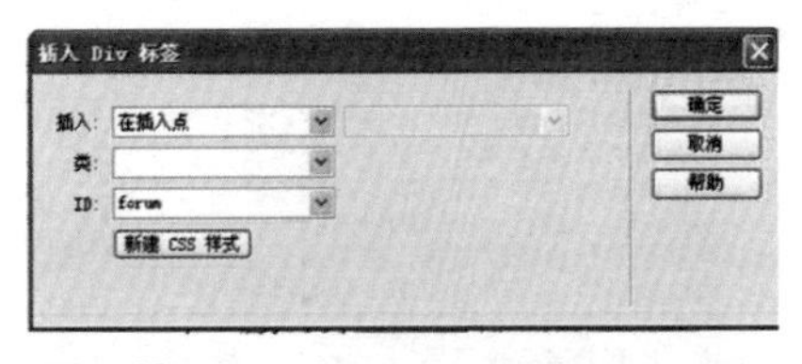

图5—166

图5—167

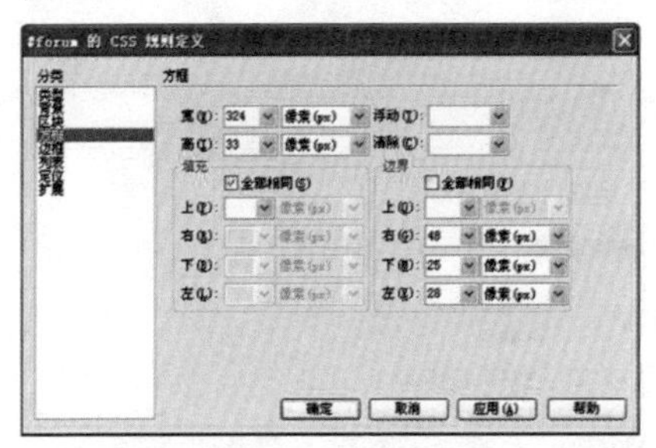

图5—168

框，→在“分类”列表中选择“方框”，参数设置如图5—164所示。

→在“分类”列表中选择“列表”，→类型→无，确定。

→选中代码li→单击“CSS样式”面板上的“新建CSS规则”按钮，弹出“新建CSS规则”对话框，在“选择器类型”选项组中选择“高级”单选按钮，在“选择器”下拉列表框中输入#right li选项，在“定义在”选项中选择“仅对该文档”。

→单击“确定”按钮，弹出“#right li的CSS规则定义”对话框，→在“分类”列表中选择“方框”，参数设置如图5—165所示，确定。

→返回代码视图→将光标移至</ul>标签后，单击“常用”选项卡中的“插入Div标签”图标，→弹出“插入Div标签”对话框，设置如图5—166所示，确定。插入“设计论坛”标题层。

如图5—166→将光标放置在forum层中→单击“CSS样式”面板上的“新建CSS规则”按钮，弹出“新建CSS规则”对话框，在“选择器类型”选项组中选择“高级”单选按钮，在“选择器”下拉列表框中输入#forum选项，在“定义在”选项中选择“仅对该文档”。

→单击“确定”按钮，弹出“#forum的CSS规则定义”对话框，→在“分类”列表中选择“类型”，参数设置如图5−167所示。

→在“分类”列表中选择“背景”，→背景图像→img/foot_s.jpg→重复→不重复。

→在“分类”列表中选择“方框”，参数设置如图5−168所示，→确定，输入相应文字。完成了标题制作。

设计论坛内容的制作，使用了p标签技术，前面已经应用过不再重复讲解。代码如图5−169所示，页面显示如图5−170所示。

当前页面使用的是静态时间代码，它显示的是网页文件的制作时间或修改时间，不能够“与时俱进”，因此必须插入动态时间代码。首先在网络中下载一段合适的动态时间代码，→复制代码到<div id="time"></div>之间，替换原码就可以了。代码如下：

```
<SCRIPT LANGUAGE="JavaScript1.2">
<!-- Begin
tmpDate = new Date();
date = tmpDate.getDate();
month=tmpDate.getMonth()+1 ;
year= tmpDate.getYear();
```

```
    <div id="forum">设计论坛</div>
    <p>设计界的大虾们你们好啊，
    俺是本论坛的摊儿主，欢迎大虾们踊跃登陆
    ，敬请大家三言两语话设计，俺先抛砖引玉
    ，拍砖的时候手下留情啊！拜脱</p>
    <p>今天，俺们正处于信息爆炸时代，
    其实也是信息泛乱时期，更是信息诚信的混沌空间，
    他给我们提出了严峻的历史性的挑战，
    当然也是前所未有的机遇。
    你，还有俺准备好了吗.....</p>
</div>
```

图5−169

设计论坛

设计界的大虾们你们好啊，俺是本论坛的摊儿主，欢迎大虾们踊跃登陆，敬请大家三言两语话设计，俺先抛砖引玉，拍砖的时候手下留情啊！拜脱

今天，俺们正处于信息爆炸时代，其实也是信息泛乱时期，更是信息诚信的混沌空间，他给我们提出了严峻的历史性的挑战，当然也是前所未有的机遇。你，还有俺准备好了吗.....

图5−170

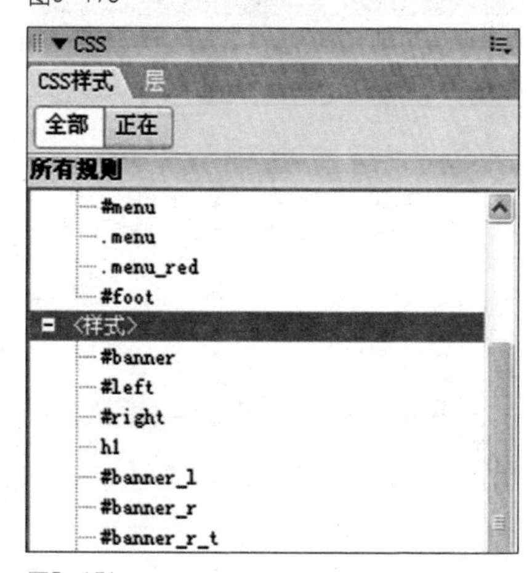

图5−171

```
document.write(year);
document.write("年");
```

```
document.write(month);
document.write("月");
document.write(date);
document.write("日");
myArray=new Array(6);
myArray[0]="星期日"
myArray[1]="星期一"
myArray[2]="星期二"
myArray[3]="星期三"
myArray[4]="星期四"
myArray[5]="星期五"
myArray[6]="星期六"
weekday=tmpDate.getDay();
if (weekday==0 | weekday==6)
{
document.write(myArray
[weekday])
}
else
{document.write(myArray
[weekday])
};
// End -->
</script>
```

最后一项任务，整理div代码，优化CSS层叠样式表，这样做的目的是为了网站科学合理地“瘦身”，可使上传和下载速度提升，节省空间资源，如图5−171所示。页面显示效果可登陆www.dlbroad.com浏览。

5.4 建立超级链接（link）

5.4.1 超级链接的原则

网络是资源共享的数码载体，网上冲浪是为了获取需要的资源。超级链接为浏览者提供了便捷的路径。超级链接依靠导航载体完成。

1.导航种类：图形导航、文字导航、 按钮导航、图形+文字导航、动画导航。

2.设计原则：引导性、明了性、位置性、视觉性、趣味性。

3.应用原则：通过页面设计处理主从导航关系。

4.导航与网站风格统一，动态导航必须链接关系流畅。

5.切记：不可为了炫技而引起视觉疲劳。

5.4.2 超级链接的方法

1.建立指向链接

下面我们来完成超级链接的实践。→选中index.html页面中menu部分的“名师风采”文字→属性面板→拖拽指向文件图标→到站点内的 msfc.html 文件上放手，属性面板显示 链接 msfc.html ，超级链接完成了。→点击F12，→保存→测试链接效果。

2.建立定位链接

→选中msfc.html页面中menu部分的“网站首页”文字→属性面板→点击浏览文件图标，指定到index.html文件，属性面板显示 链接 index.html ，超级链接完成了。→点击F12，→保存→测试链接效果。

3.建立外部链接（绝对链接）

选择需要链接的载体，→在此框内 链接 直接输入网址即可，如图 链接 http://hao.360.cn/ ，→保存→点击F12，→测试链接效果。

4.建立链接样式（外部），以index.html为例，→单击“CSS样式”面板上的“新建CSS规则”按钮，弹出“新建CSS规则”对话框，在“选择器类型”选项组中选择“高级”单选按钮，在“选择器”下拉列表框中分别选择a:link，a:visited，a:hover，a:active选项，在“定义在”选项中选择“style.css”。

→单击“确定”按钮，弹出“a:link的CSS规则定义”对话框，→在“分类”列表中选择“类型”，参数设置如图5-172所示。

→弹出“a:visited的CSS规则定义”对话框，→在“分类”列表中选择“类型”，参数设置如图5-173所示。

→弹出“a:hover的CSS规则定义”对话框，→在“分类”列表中选择“类型”，参数设置如图5-174所示。

→弹出“a:active的CSS规则定义”对话框，→在“分类”列表中选择“类型”，参数设置如图5-175所示。

外部链接样式表，作用于网站中所有页面链接。如果我们在某一页面中，还想创建多种链接样式，就必须使用另

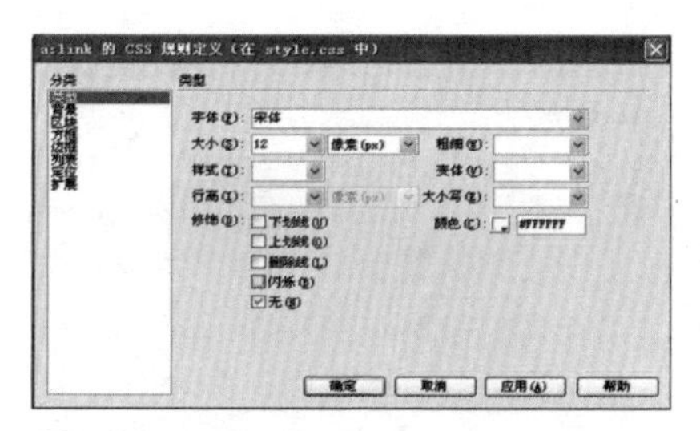

图5—172

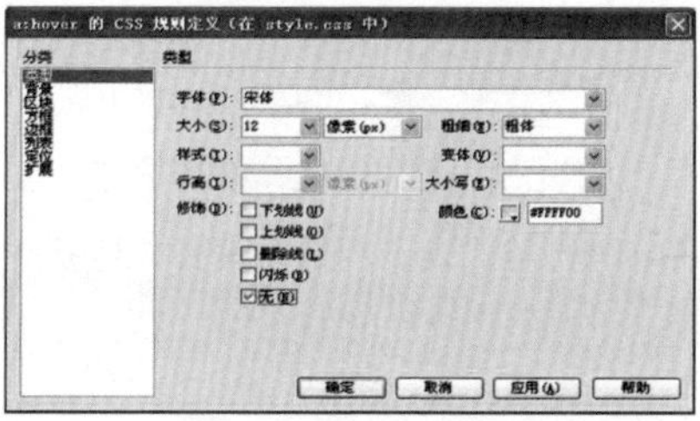

图5—173

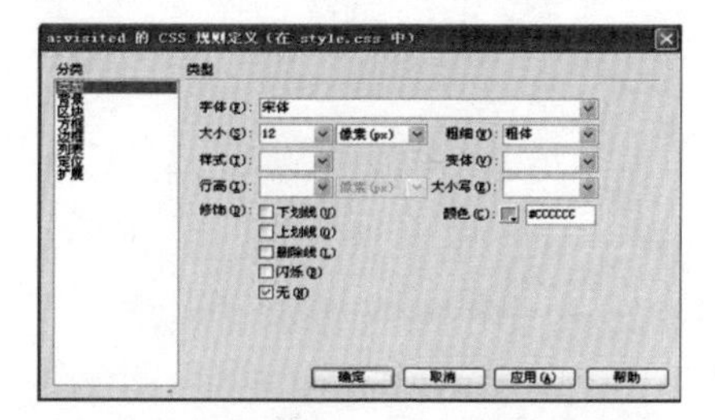

图5—174

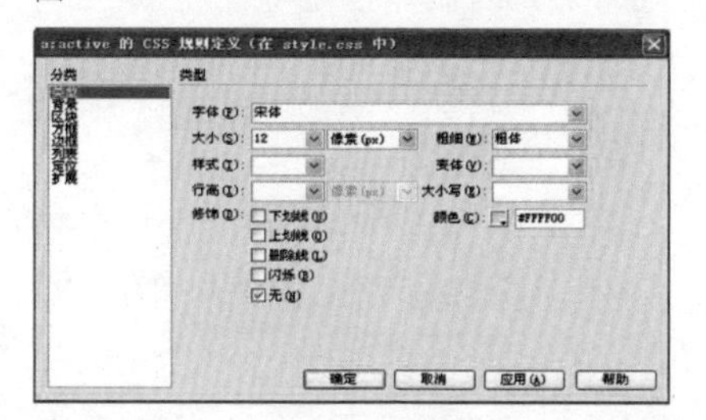

图5—175

外的方法。下面我们以index.html页面为例进行实践。

→回到设计视图→选中“东北财经大学大学生餐饮文化中心室内设计方案”→单击“CSS样式”面板上的“新建CSS规则”按钮，弹出“新建CSS规则”对话框，在“选择器类型”选项组中选择“高级”单选按钮，在“选择器”下拉列表框中分别键入#left li a:link，#left li a:visited，#left li a:hover，#left li a:active选项，在“定义在”选项中选择“仅对该文档”。

→单击“确定”按钮，弹出“#left li a:link的CSS规则定义”对话框，→在“分类”列表中选择“类型”，参数设置如图5—176所示。

→弹出“#left li a:visited的CSS规则定义”对话框，→在“分类”列表中选择“类型”，参数设置如图5—177所示。

→弹出“#left li a:hover的CSS规则定义”对话框，→在“分类”列表中选择“类型”，参数设置如图5—178所示。

→弹出“#left li a:active的CSS规则定义”对话框，→在“分类”列表中选择“类型”，参数设置如图5–179所示。index.html页面显示效果可登陆www.dlbroad.com浏览。

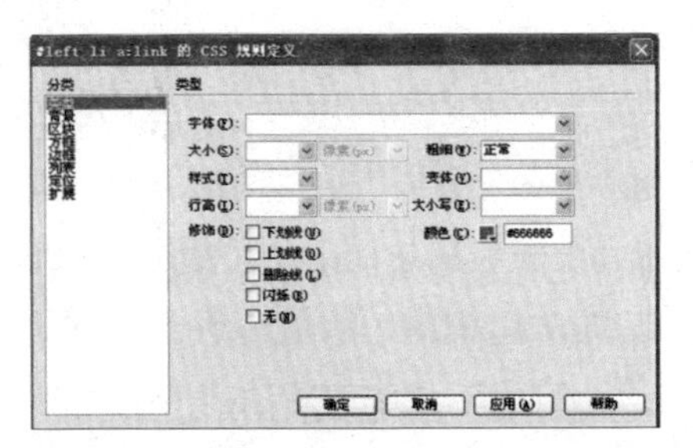

图5–176

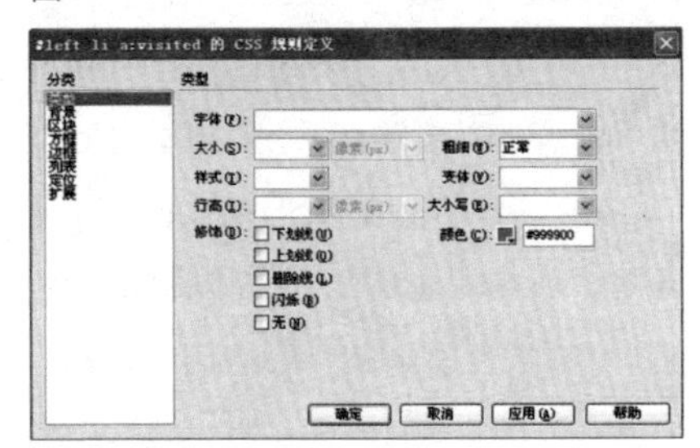

图5–177

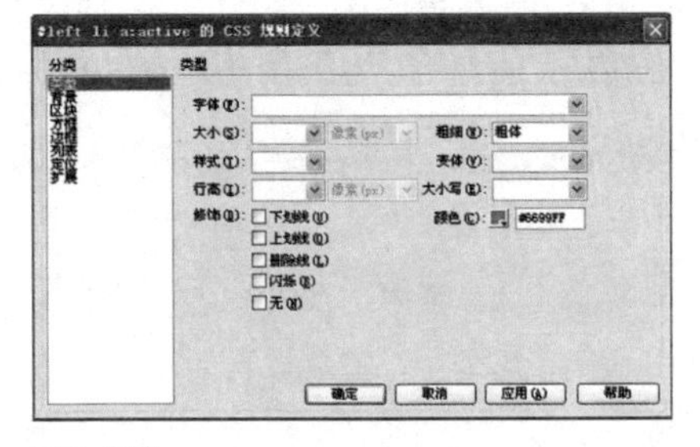

图5–178

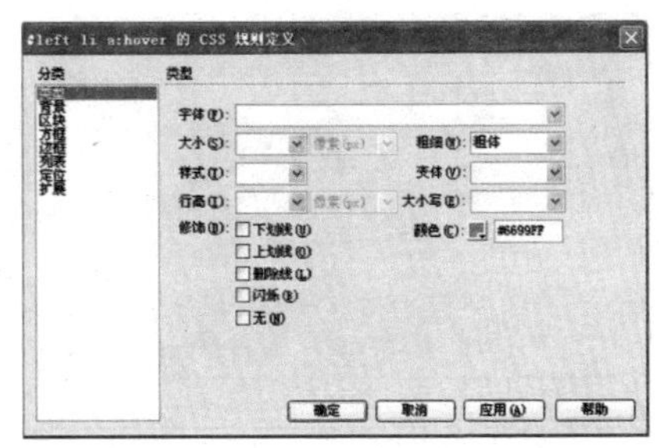

图5–179

课堂作业：制作index.html页面。

知识点：图片优化，内部填充，边界，外部样式表，内部样式表，超级链接。

5.5 二级页面制作

网站由多个页面构成，通过超级链接进行跳转，其他页面的制作技术与index.html页面制作原理一样。

下面我们一起实践msfc.html（名师风采）的制作。首先，分析一下msfc.html（名师风采）页面的架构，如图5–180所示。

该页面main部分清晰显示出左右二分栏，左侧是文本，右侧是图片，但是，这个页面会随着设计师人数的逐渐增加，内容肯定要超过多屏（显示器的

百道 藝術設計會所
Broad Design Reseach Institute
2012年5月17日
网站首页
名师风采
作品展示
原创壁纸
私单服务
网上订单
资源共享
留言反馈
宋永胜
王爱莉
孙雪梅

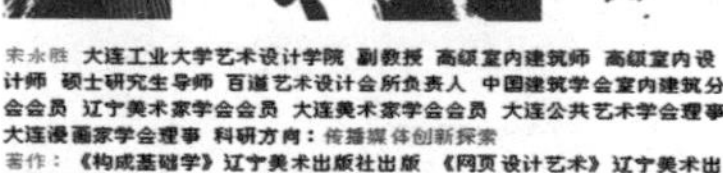
宋永胜 大连工业大学艺术设计学院 副教授 高级室内建筑师 高级室内设计师 硕士研究生导师 百道艺术设计会所负责人 中国建筑学会室内建筑分会会员 辽宁美术家学会会员 大连美术家学会会员 大连公共艺术学会理事 大连漫画家学会理事 科研方向：传播媒体创新探索
著作：《构成基础学》辽宁美术出版社出版 《网页设计艺术》辽宁美术出版社出版
论文： “艺术设计教育实践的研究与探索”（EI检索）“物联网在高校的应用前景”（EI检索）”数码时代的艺术设计教学”《装饰》杂志收录 “数码艺术表现样态解析与探索”《艺术与设计》收录“ICAI系统结构模型与知识库的研究与实现”《哈尔滨师范大学自然科学学报》收录“基于边界向量的支持向量机增量算法”《计算机工程与应用》收录 “浅析矢量图形艺术的魅力”《计算机工程与应用》收录
课件：《媒体设计》“第十一届全国多媒体课件大赛”三等奖《网页设计》“第六届全国高等学校计算机课件评比”优胜奖 《媒体设计》“辽宁省第十一届教育软件大赛”三等奖《网页设计》“辽宁省第九届教育软件大赛”三等奖《计算机设计基础一》“辽宁省第九届教育软件大赛”优秀奖
设计作品：“看图识字新编”《首届全国美术设计大赛》二等奖“解构？”《首届全国美术设计大赛》三等奖“节水系列”《第二届辽宁省艺术设计作品展》收录“无题”《中国当代油画家百人作品集》收录 “无题”《装饰》收录“数风流人物还看今招”“独一无二”“新能源新文明”《大连工业大学学报》收录 “室内设计作品”《样态空间》收录 “速写作品”《中国当代素描艺术》收录 “感悟Digital”《伟大的文艺复兴》收录 2007年入选《设计中国》“走近当代设计大师”专栏 2002年香港视觉艺术交流学会授予“优秀艺术家称号”
完成的科研项目：东北财经大学大学生餐饮文化中心室内设计方案 上海浦东新区景观设计方案 大连华城酒店室内设计方案 大连西道渔具制造所VI设计 山东泰安食品工业集团VI设计 深圳太公渔具品牌开发设计 哈尔滨师范大学委托开发《媒体设计》课件 大连市建筑安全监督管理站委托《大连市建筑施工从业人员安全生产教育动漫课堂系统开发》 2010年5月大连市社会科学院委托《大连传播媒体发展中的问题及对策研究》结题
back

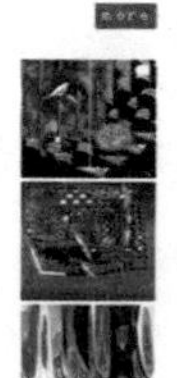

王爱莉 大连工业大学艺术设计学院 讲师 工作室成员 中国美术研究院教育委员会助理研究员 中国美术家协会会员 大连美术家协会会员 大连平面设计学会会员 科研方向：传播媒体创新探索
作品 论文 完成的科研项目：“奶奶家的老屋”《艺术百家》发表 “字体设计”《中国设计年鉴》发表 “民族团结海报系列”《中韩交流展》参展 插图“花”《大连工业大学学报》发表 “公共空间移动信息支援工具的设计多元化” 核心期刊《高等教育研究与实践》发表 海报设计“设计是盏明灯” 《大连工业大学学报》发表 “从好莱坞电影历史的发展演变浅析其内在的创新机制”国家核心期刊《电影文学》发表 课件《色彩构成》获辽宁省教育软件大赛优秀奖《网页设计》课件获“第六届全国高等学校计算机课件评比”优胜奖 专著 当代中国设计师精品丛书《视觉·图形》辽宁美术出版社出版“创新思维在中国设计教育中的影响”核心期刊《中华教育》发表 设计项目“大连建科企业标志及形象设计”“样本设计”“大连群力发标志及企业形象设计”“金元地产标志及企业形象设计”大连理工大学继续教育学院网站设计“中国蓝莓网网站设计”
back

孙雪梅 大连工业大学艺术设计学院 讲师 工作室成员 科研方向：传播媒体设计与探索
作品 论文 完成的科研项目：2006.11论文：图像时代的视觉文化分析《大学时代》发表 2007.6论文：数字化时代的视觉图像传播《电影评介》发表 2008.6作品“滑板界面设计”《大连工业大学学报》发表 2009.5 论文：情感营销时代的品牌价值《辽宁大学学报》发表 2010.3 作品“农业银行星座卡设计”于《大连工业大学学报》发表 2012.2作品“蓝莓标志、手提袋设计”于《艺术教育》发表 2012.3作品“2012年台历设计” 《艺术教育》发表 2006年获“艺术设计学院优秀班导师奖” 2010.9《媒体设计》课件获“辽宁省第十一届教育软件大赛”高等教育组三等奖 2010.11《网页设计》课件获“第六届全国高等学校计算机课件评比”优胜奖 2008—2009年参加大连工业大学艺术设计学院省级实验教学示范中心部分建设工作“百道艺术设计会所”形象设计
back

大连工业大学艺术设计学院 讲师 工作室成员 大连平面设计学会会员 科研方向：传播媒体创新探索
作品 论文 完成的科研项目：2010年作品“品牌岛名品店”《大连工业大学学报》发表 2010.9《媒体设计》课件获“辽宁省第十一届教育软件大赛”高等教育组三等奖 2010.11《网页设计》课件获“第六届全国高等学校计算机课件评比”优胜奖 设计作品《平面设计》荣获首届全国高校美术·设计大奖赛三等奖 设计作品《平面设计》收录于首届全国高校美术·设计大奖赛师生作品集 大连工业大学网站设计 Australia buy网站设计 2010年参与大连工业大学艺术设计学院艺术设计中心组建 大连工业大学艺术设计学院“百道艺术设计会所”形象设计 大连“太公渔具有限公司”VI设计
back

Copyright 2001 大连工业大学艺术设计学院 百道艺术设计会所

图5—180

高度）。浏览时为了避开拖动讨厌的上下滑动条，使用了“锚点技术”（页面内的超级链接）。通过点击标题跳转到目标内容，并可通过点击“back”返回到标题位置，这样就完成了准确的目标内容浏览，最大限度地方便了受众，提高了访问量，同时又为逐渐增加的内容做好了技术埋伏。网站的设计必须是科学的，便于管理和更新。这也是网站存活的灵魂。

下面我们来实践制作：→单击“常用”选项卡中的“插入Div标签”图标▦，→弹出“插入Div标签”对话框，在menubox层后插入main层。

→将光标放置在main层中→单击“CSS样式”面板上的“新建CSS规则”按钮🗋，弹出“新建CSS规则”对话框，在“选择器类型”选项组中选择“高级”单选按钮，在“选择器”下拉列表框中输入#main选项，在“定义在”选项中选择“仅对该文档”。

→单击“确定”按钮，弹出“#main的CSS规则定义”对话框，→分别设置“#main”的CSS样式，如图5-181、5-182所示。

图5-181

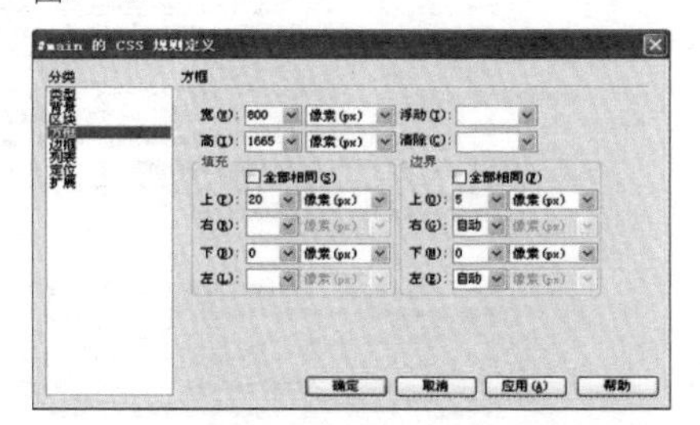

图5-182

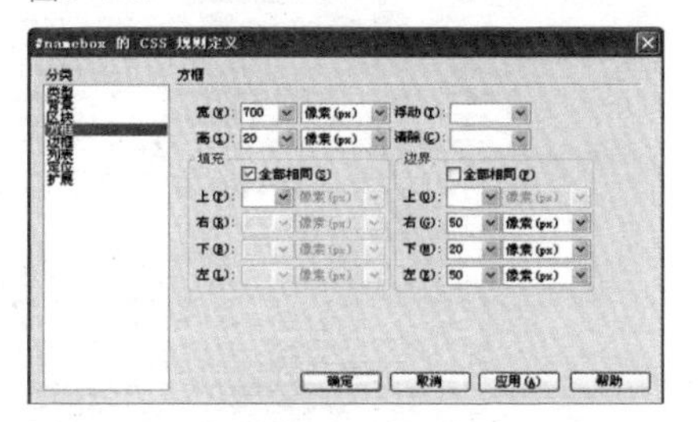

图5-183

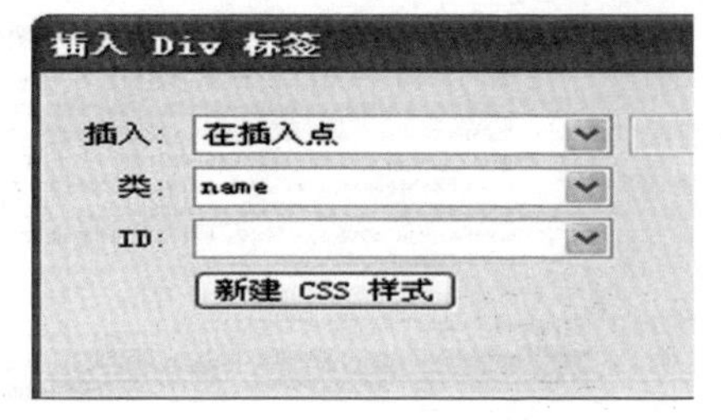

图5-184

→单击“常用”选项卡中的“插入Div标签”图标，→弹出“插入Div标签”对话框，在main层中插入namebox层。

→将光标放置在menubox层中→单击“CSS样式”面板上的“新建CSS规则”按钮，弹出“新建CSS规则”对话框，在“选择器类型”选项组中选择“高级”单选按钮，在“选择器”下拉列表框中输入#namebox选项，在“定义在”选项中选择“仅对该文档”。

→单击“确定”按钮，弹出“#namebox的CSS规则定义”对话框，→设置“#namebox”的CSS样式，如图5−183所示。

→返回代码视图→将光标置于<div id="namebox"></div>之间→单击“插入”栏上的“常用”选项卡中的“插入Div标签”图标，→弹出“插入Div标签”对话框，在namebox层中插入“类”name层。如图5−184所示。

→将光标放置在name层中→单击“CSS样式”面板上的“新建CSS规则”按钮，弹出“新建CSS规则”对话框，在“选择器类型”选项组中选择“类”单选按钮，在“名称”下拉列表框中输入name选项，在“定义在”选项中选择“仅对该文档”。

图5−185

图5−186

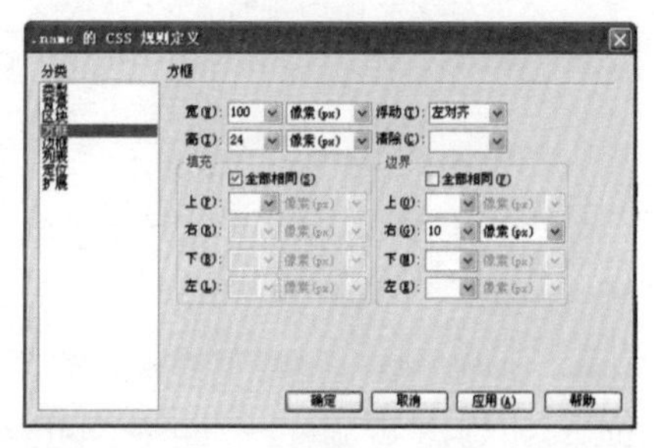

图5−187

→单击“确定”按钮，弹出“. name的CSS规则定义”对话框，→分别设置“. name”的CSS样式，如图5-185～图5-187所示。

→返回代码视图→通过复制，在namebox层中插入3个“类”name层。并键入相应的文字，代码如图5-188所示。

→返回设计视图→单击“常用”选项卡中的“插入Div标签”图标，→弹出“插入Div标签”对话框，在namebox层后插入photobox层。

→将光标放置在photobox层中→单击“CSS样式”面板上的“新建CSS规则”按钮，弹出“新建CSS规则”对话框，在“选择器类型”选项组中选择“高级”单选按钮，在“选择器”下拉列表框中输入#photobox选项，在“定义在”选项中选择“仅对该文档”。

→单击“确定”按钮，弹出“#photobox的CSS规则定义”对话框，→设置#photobox的CSS样式，如图5-189所示。→用相同的方法→在photobox层中插入photo层，在photo

```
<div id="namebox">
  <div class="name">宋永胜</div>
  <div class="name">王爱莉</div>
  <div class="name">孙雪梅</div>
  <div class="name">郭靖雅</div>
</div>
```

图5-188

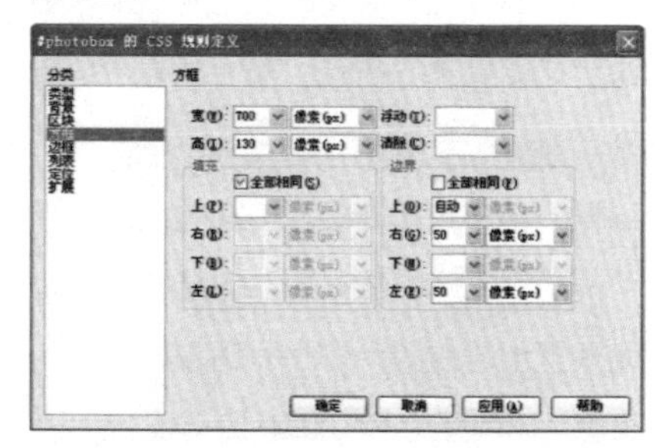

图5-189

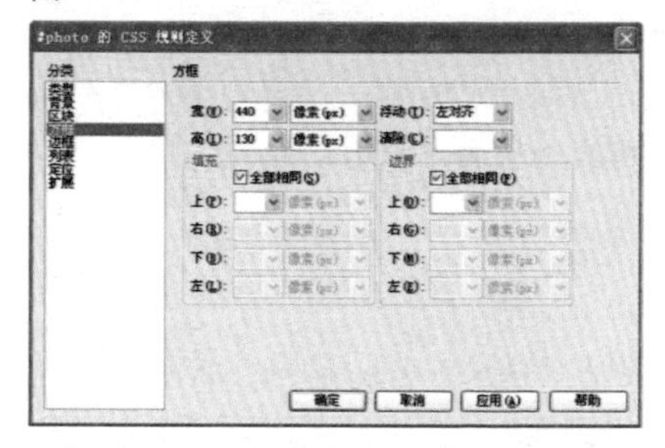

图5-190

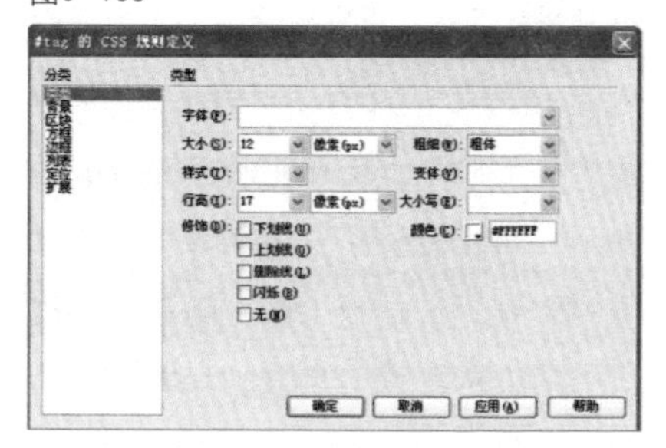

图5-191

层后插入tag层。→接下来用相同的方法分别设置#photo和#tag的CSS样式，如图5−190～图5−194所示。

→将光标置于photo层中→依次插入图片pic−s.jpg、pic−w.jpg、pic−sxm.jpg、pic−g.jpg。

单击“CSS样式”面板上的“新建CSS规则”按钮，弹出“新建CSS规则”对话框，在“选择器类型”选项组中选择“标签”单选按钮，在“标签”下拉列表框中输入img选项，在“定义在”选项中选择“仅对该文档”。

→单击“确定”按钮，弹出“img的CSS规则定义”对话框，→设置“img”的CSS样式，如图5−195所示。→用学过的知识设置#tag的CSS样式，→在tag层中键入more文字，如图5−196～图5−199所示。tag的页面效果

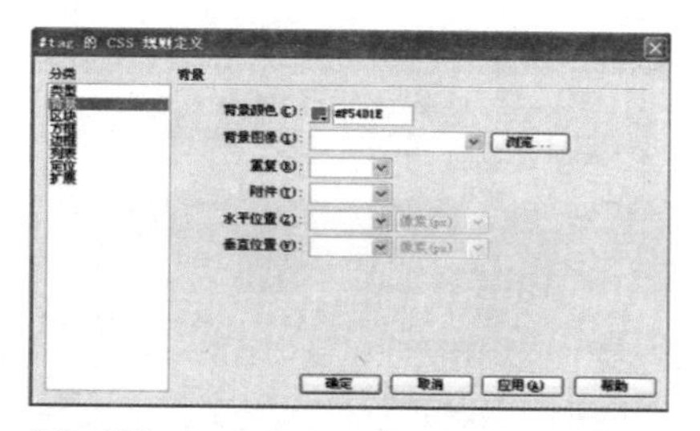

图5−192

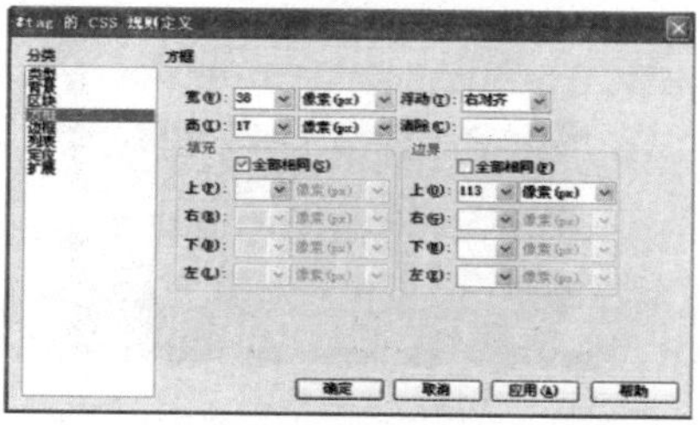

图5−193

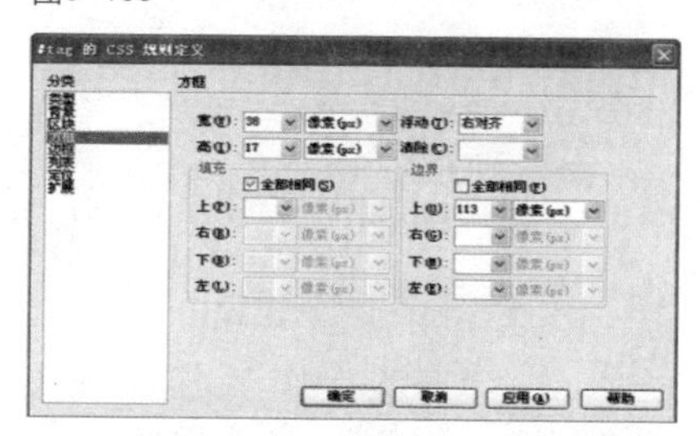

图5−194

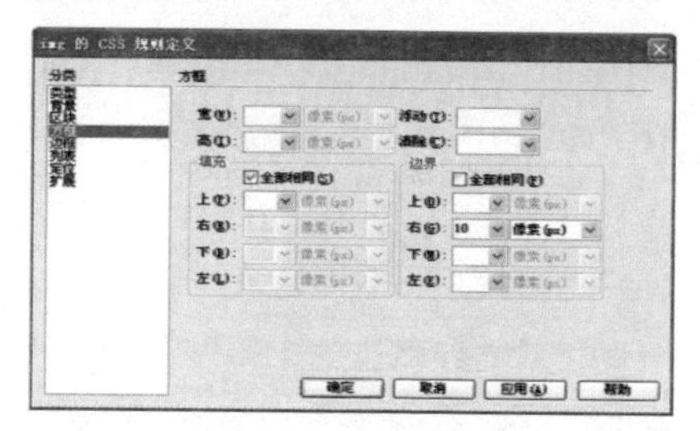

图5−195

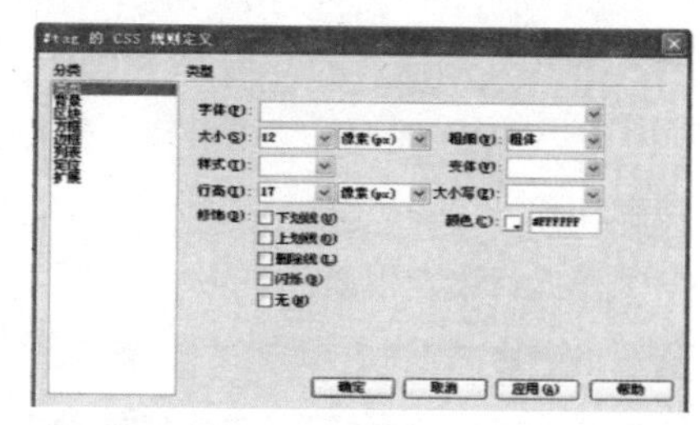

图5−196

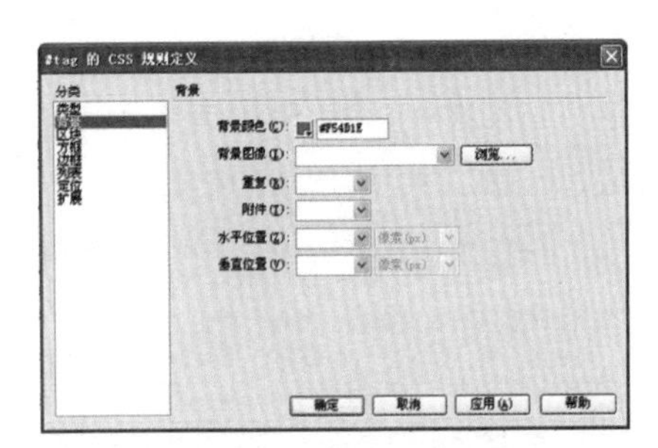

图5—197

图5—198

图5—201

如图5-200所示。→点击F12，测试页面，在浏览器中的显示效果如图5-201所示。

→返回设计视图→单击“常用”选项卡中的“插入Div标签”图标，→弹出“插入Div标签”对话框，在

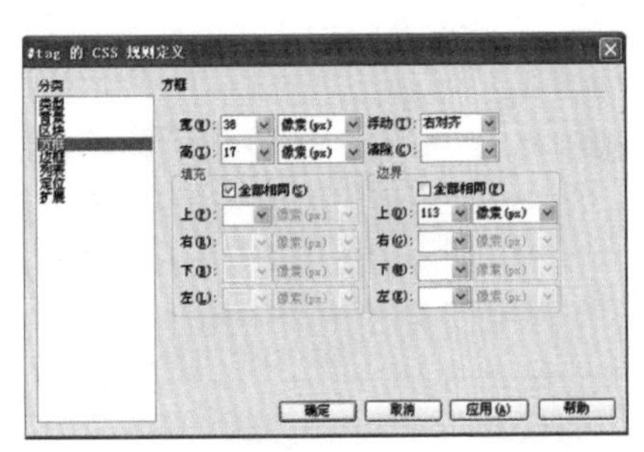

图5—199

图5—200

photobox层后插入cont层。

→将光标放置在cont层中→单击“CSS样式”面板上的“新建CSS规则”按钮，弹出“新建CSS规则”对话框，在“选择器类型”选项组中选择“高级”单选按钮，在“选择器”下拉列表框中输入#cont选项，在“定义在”选项中选择“仅对该文档”。

→单击“确定”按钮，弹出“#cont的CSS规则定义”对话框，→设置“#cont”的CSS样式，如图5-202所示。→用相同的方法→在cont

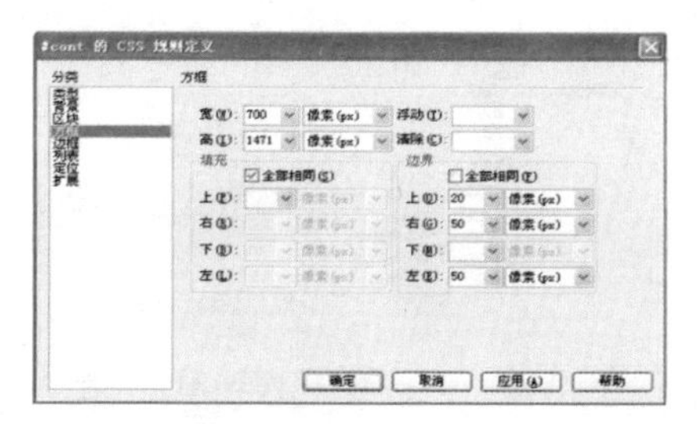

图5—202

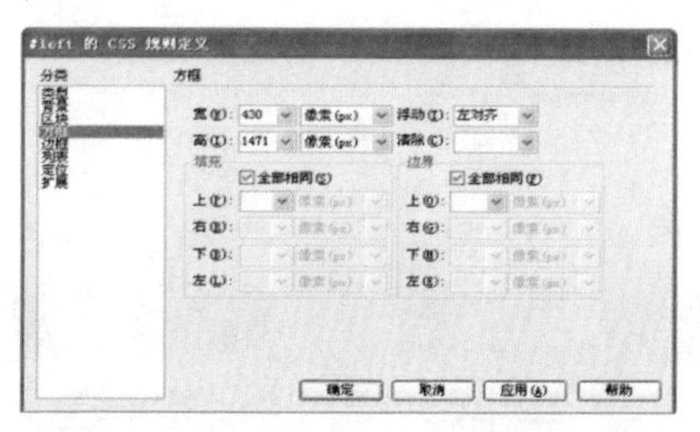

图5—203

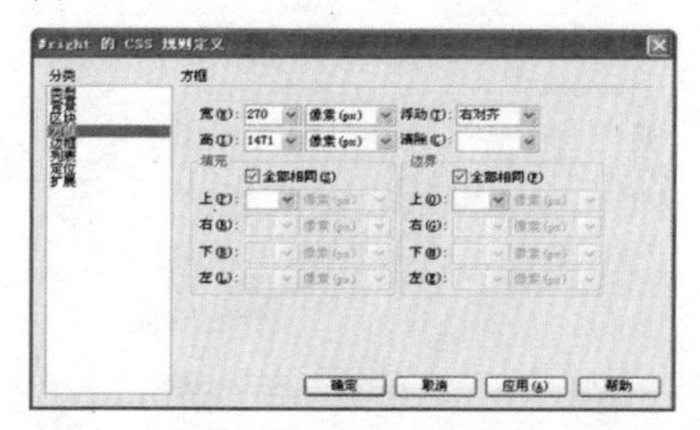

图5—204

层中插入left层，在left层后插入right层。→接下来用相同的方法分别设置＃left和＃right的CSS样式，如图5−203、5−204所示。

→返回代码视图→将光标置于<div id="left"></div>之间→单击属性面板→格式→段落→在代码视图中插入<p></p>标签。→复制文本内容到<p></p>中。→根据文本内容和版式设置多个段落文本。

单击“新建CSS规则”按钮，弹出“新建CSS规则”对话框，在“选择器类型”选项组中选择“标签”单选按钮，在“标签”下拉列表框中输入p选项，在“定义在”选项中选择“仅对该文档”。

→单击“确定”按钮，弹出“p的CSS规则定义”对话框，→设置p的CSS

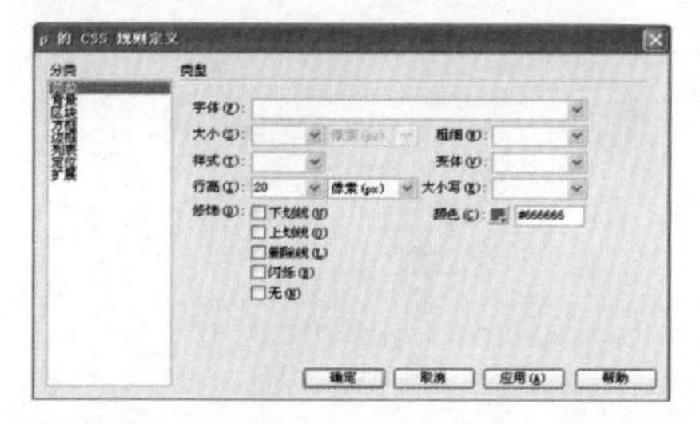

图5—205

图5—206

样式，如图5－205、5－206所示。根据视觉效果科学地调整文本。

悄悄话：

网页中的文本制作看起来很简单，其实很有技巧。本人的经验与大家分享：→建一个“文本文档.txt”→写入文本内容，不得有标点符号空格等→复制内容到网页的页面中→在网页中加标点符号→使用全角输入法加空格。如果是中英文混排，英文要单独赋予样式。缩格和符号的使用要精心计算，调整时以显示效果为准。

单击“新建CSS规则”按钮，弹出“新建CSS规则”对话框，在“选择器类型”选项组中选择“类”单选按钮，在“名称”下拉列表框中输入p1选项，在“定义在”选项中选择“仅对该文档”。

→单击“确定”按钮，弹出“.p1的CSS规则定义”对话框，→设置.p1的CSS样式，如图5－207所示。用相同的方法分别设置.p2、.p3、.p4的CSS样式，如图5－208～图5－210所示。

→回到设计视图→选中段落文本中的强调字体，如“宋永胜”“传播媒体创新探索”等，→属性面板→样式→p1，样式定义完成。其他段落文本中的强调字体样式定义与此相同。

图5－207

图5－208

图5－209

图5－210

→返回代码视图→将光标置于第一位设计师内容文本的</p>之后，插入<p></p>标签→在<p></p>之间键入“back”文字，如<p> back </p>，→选中<p> back </p>，→属性面板→选择项目列表图标→生成项目列表代码，如图5-211所示。→将此代码分别复制到其他设计师内容文本的</p>之后。跳转返回到顶部的载体建立完成。

→返回代码视图→选中<ul>，单击“CSS样式”面板上的“新建CSS规则”按钮，弹出“新建CSS规则”对话框，在“选择器类型”选项组中选择

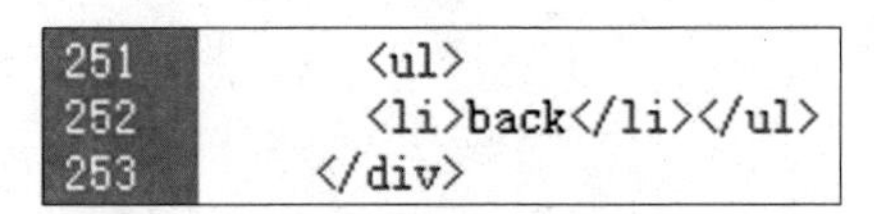

```
251        <ul>
252        <li>back</li></ul>
253     </div>
```

图5-211

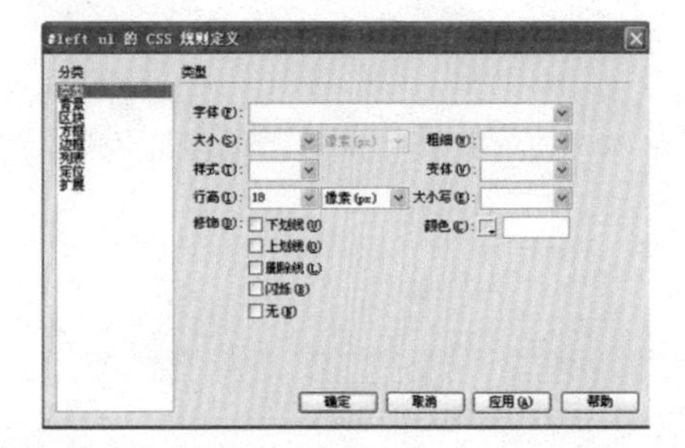

图5-212

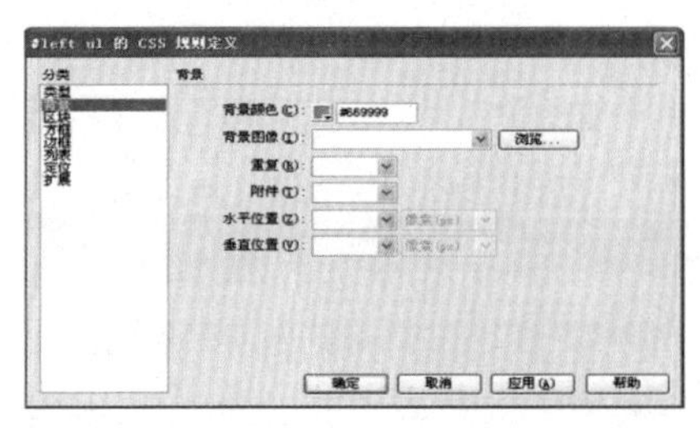

图5-213

图5-214

图5-215

图5-216

“高级”单选按钮，在“选择器”下拉列表框中输入#left ul选项，在“定义在”选项中选择“仅对该文档”。

→单击“确定”按钮，弹出“#left ul的CSS规则定义”对话框，→设置“#left ul”的CSS样式。如图5-212～图5-216所示。

5.5.1 建立锚点

Left层中的内容文本制作完成。在本级页面中实现超级链接，首先必须建立锚点。

→返回设计视图→选中页面顶部标题栏中的“宋永胜”→“常用”选项栏→命名锚记图标→在打开的“命名锚记”面板中的“锚记名称”空白栏内输入“sys”→确定→锚点插入完成。如图5-217、5-218所示。（锚记图标在浏览器中不显示）→选中页面内容顶部中的“宋永胜”→“常用”选项栏→命名锚记图标→在打开的“命名锚

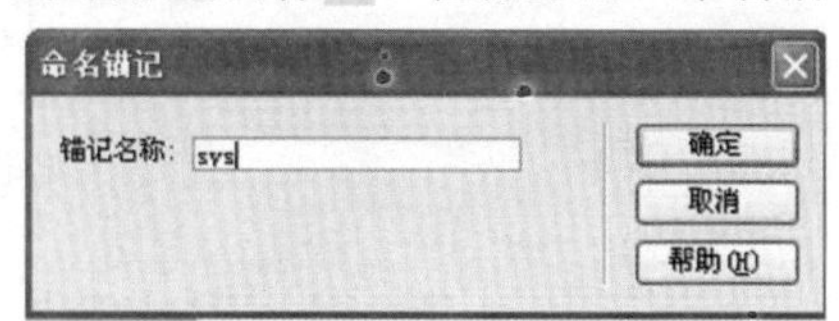

图5-217

图5-218

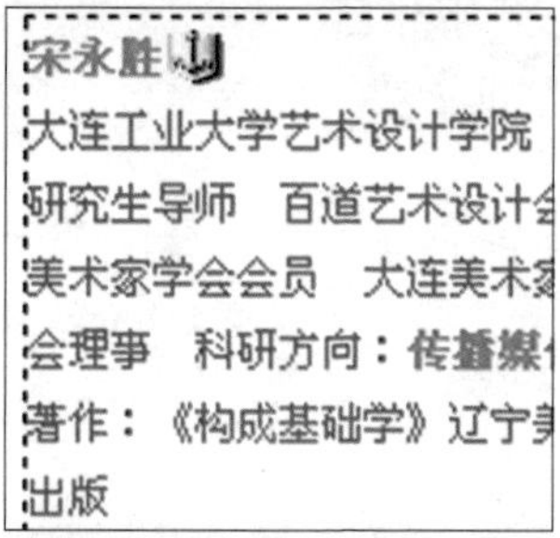

宋永胜
大连工业大学艺术设计学院
研究生导师 百道艺术设计
美术家学会会员 大连美术
会理事 科研方向：传播媒
著作：《构成基础学》辽宁
出版

图5-219

2006年大连市社会科学院

图5-220

记”面板中的“锚记名称”空白栏内输入“song”→确定→锚点插入完成。如图5−219所示。→选中页面内容底部中的“back”→“常用”选项栏→命名锚记图标→在打开的“命名锚记”面板中的“锚记名称”空白栏内输入“back”→确定→“返回”锚点，插入完成。如图5−220所示。

5.5.2 建立链接

锚点建立完成后，必须建立超级链接。→选中标题栏中的“宋永胜”文字→使用指向链接图标→拖拽到“song”锚点图标上，完成了标题与内容的目标链接。→选中“back”文字，→使用指向链接图标→拖拽到标题栏中的“sys”锚点图标上，完成了返回载体与标题的目标链接。其他内容的锚点建立和超级链接与此相同，在此不再重复讲解。

提示：

每做一次链接，都要点击一次F12测试浏览效果，也便于自动保存。另外，链接字体的样式自动调用CSS外部样式表，因此，最早设置样式表时就必须思考到整体网站。

right中的图片插入实践，大家应根据以前的例子“举一反三”，自主完成。你肯定行！如果有困难，可以参考本书的源文件：msfc.html。

5.5.3 背景音乐

msfc.html（名师风采）页面内容较长，而且大部分是文字。这种类型的网站比较多，浏览时很枯燥，也容易引起视觉疲劳。建议插入背景音乐，提高浏览者的幸福指数和网站的亲和力。插入的方法很多，这里教给大家一个简单实用的技术。首先在网页的根目录下建立一个文件夹，如music。→将音乐拷贝到该文件夹中，给音乐命名，不得使用中文。→回到代码视图，将代码<bgsound src="music.mp3" loop="-1">插入到</body>前面，将music改成实际音乐的名称即可。点击F12测试网页，音乐随之响起。本页面代码示例：<bgsound src="music/music.mp3" loop="-1"></body>。

提示：

有的服务器对背景音乐代码不支持，若是这样我们可以制作一个带有音乐的flash动画，插入到页面中就可以了，所有的服务器都支持flash动画。本网站使用的就是这项技术。

课堂作业：msfc.html页面制作（布局与表现必须创新）。

知识点：锚点建立，锚点连接。

网页设计参考图例

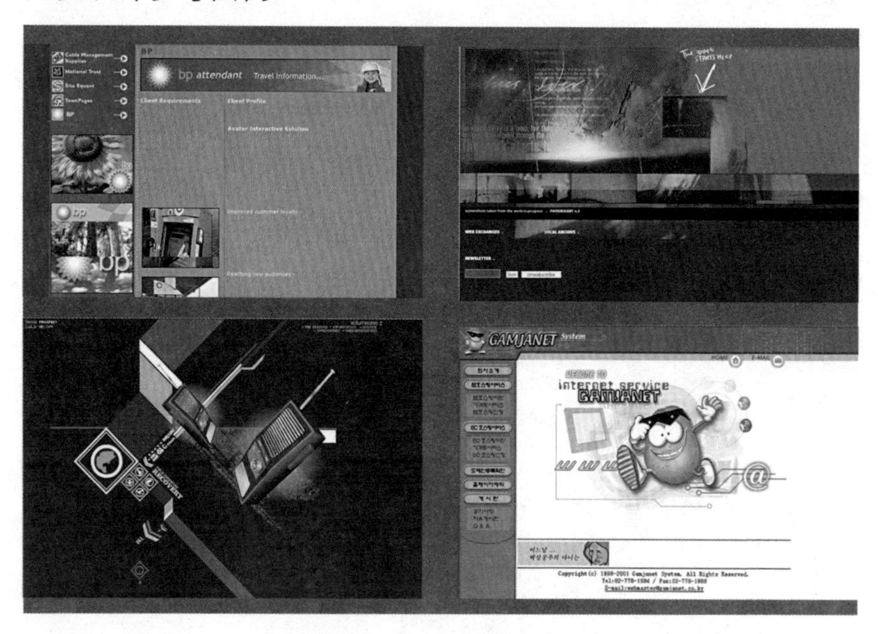

第六章

课程总结

网页设计与制作是一门典型的技术与艺术完美融合的新学科，也是数码艺术的独立表现样态。没有太多的“前车之鉴”，大家都是摸着石头过河，这既是严峻的历史性挑战，也是前所未有的机遇。

本人多年从事网页设计教学与网站建设工作，有甘甜更有苦涩，有经验更有教训，几度风雨几度春秋。下面将自己的一点点体会贡献出来供大家“拍砖”。

6.1 与“识”俱进

网络诞生虽然时间很短，但进步的速度惊人。当前，它已完全融入了人类的生活。特别是它的技术知识更新“日新月异”，为此我们必须时刻与它同步，最快地掌握前沿技术。只有这样也只能这样，我们才能设计出最时尚的网页，走在时代的前列。只有被模仿，从未被超越。

6.2 科学 有序 把握全局

网页设计是一项科学有序的创造行为，网站建设与网页制作更是一项复杂的、耗时的、精细的系统工程，在最初规划时一定要有全面的、多维度的思维，以网站的内容信息决定网页的整体架构建设，千万不可随心所欲边做边改。制作时必须思前想后，逻辑清晰，环环相扣，作业有序，这样才能够达到智慧的创意（艺），简单的执行，事半功倍的效果。

6.3 团队合作 遵规守纪

网站建设与网页制作仿佛是一场多兵种的战役，取胜靠的是协同作战，统一协调。例如：视觉艺术设计、前台美工制作、后台程序支持、动画设计与制作、文本内容的编写等诸项环节，必须团队成员合作完成。协同靠的是互相“理解”、互相“融合”，各自为战时都要严格遵守“游戏规则”，只有这样个体完成的部分才能“入轨”，统一调度起来才能够和谐地延展下去，才能够科学发展，做到真正意义上的强强联合。

6.4 关注细节 锦上添花

俗话说“编筐编篓全在收口”，道出了细节的重要意义。网页是在空间中显示的视觉载体。当下浏览器之间并未做到完全兼容，电子屏幕尺寸无法统一，因此制作过程中要反复测试，特别是细节到每一个代码的编写、每一个元素的局部设计与优化，但要掌握一个基本的原则，关注细节必须是“锦上添花”，不可“画蛇添足”，更不可“炫技”。

6.5 科学规划 便于管理

网站的优势在于信息更新的速度和日常管理，为此，在最初规划时一定要科学地设计架构和表现。布局与表现分离不仅仅是为了浏览器的阅读，更重要的是为日后的方便管理，请大家记住：“便于管理的网站才能够科学发展”。

以上是本人的一点点体会，仅供大家参考，也可以作为网页设计的最基本法则。欢迎网络达人将自己的经验上传到www.dlbroad.com上，资源共享。让我们荡起双桨畅游网络浩瀚的海洋。

考核作业：为自己设计和制作一个网站（不得少于五个页面）。

要求：智慧的创意，简单的执行，惊人的效果，可被多个浏览器兼容，在多个终端上显示。

附录 网页设计中常用的英文单词

	英文	中文
A	absolute	绝对的
	active	活动的，激活的，<a>标记的一个伪类
	align	对齐
	alpha	透明度，半透明
	anchor	锚记<a>标记是这个单词的缩写
	arrow	箭头
	auto	自动
	award	获奖 奖项
B	background	背景
	banner	页面上的一个横条
	black	黑色
	blink	闪烁
	block	块
	blue	蓝色
	body	主体，一个HTML标记
	bold	粗体
	border	边框
	both	二者都，是clear属性的一个属性值
	bottom	底部，是一个CSS属性
	box	盒子
	br	换行标记
	bug	软件程序中的错误
	building	建立
	button	按钮

	英文	中文
C	cell	表格的单元格
	center	中间，居中
	centimeter	厘米
	child	孩子
	circle	圆圈
	class	类别
	clear	清除
	cm	厘米
	color	颜色
	connected	连接的
	contact	联系
	content	内容
	crosshair	十字叉线
	css	层叠式样表
	cursor	鼠标指针
D	dashed	虚线
	decimal	十进制
	decoration	装饰
	default	默认的
	definition	定义
	design	设计
	display	显示，CSS的一个属性
	division	分区，div就是这个单词的缩写
	document	文档
	dotted	点线
	double	双线

	英文	中文
E	element	元素
F	father	父亲
	filter	滤镜，过滤器
	first	第一个
	fixed	固定的
	float	浮动
	font	字体
	for	在循环语句中的一个保留字
	four	4个
	forum	论坛，讨论会
G	gif	一种图像格式
	gray	灰色
	green	绿色
H	hack	常用于CCS中的一些招数，或者类似偏方的技巧
	hand	手
	head	头部
	height	高度
	help	帮助
	here	这里
	hidden	被隐藏
	home	首页
	horizontal	水平的
	hover	鼠标指针经过或称为悬停状态

	英文	中文
I	image	图像
	important	重要的
	indent	缩进
	index	索引
	inline	行内
	inner	内部的
	italic	意大利体，斜体
J	jpg	一种图像格式
	justify	两端对齐
L	language	语言
	last	最后一个
	left	左边
	length	长度
	level	级别，例如block—level就是块级
	line	线
	link	链接
	list	列表
	lowercase	小写
M	margin	外边距
	max	最大的
	medium	中等
	menu	菜单
	middle	中间

	英文	中文
M	millimeter	毫米
	min	最小的
	model	模型
	move	移动
N	navigation	导航
	new	新的
	none	无，不，没有
	normal	标准
O	object	对象
	oblique	一种斜体
	one	一个
	only	仅仅
	open	打开
	optional	可选的
	orange	橙色
	outer	外出的
	overflow	溢出
P	padding	内边距
	point	点
	pointer	指针，指示器
	position	定位，位置
	progress	进度
	public	公开的

	英文	中文
P	purple	紫色
R	red	红色
	relative	相对的
	repeat	重复，平铺
	replacement	替换
	resize	重新设置大小
	right	右边
	row	行
S	scroll	滚动
	shadow	阴影
	silver	银色
	size	尺寸
	solid	固体，实线
	solution	方案
	son	儿子
	span	一个HTML标记
	special	特殊的
	square	方块
	static	静态的
	strong	强壮，加粗的
	style	样式
T	table	表格
	td	单元格的HTML标记

	英文	中文
T	text	文本
	thick	粗的
	thin	细的
	three	三个
	through	穿过
	title	标题
	top	顶部
	tr	表格中“行”的HTML标记
	transitional	过渡的
	two	两个
	type	类型
	tag	标签
U	underline	下划线
	upper	上面的
	uppercase	大写
	url	网址
V	vertical	竖直的
	visited	访问过的
W	white	白色
	width	宽度
Y	yellow	黄色

优秀网页设计欣赏

: designpia
곰인형 (1997년)
재료 : 목탄
인형들을 알맞게 배치 한 다음 목탄을 사용하여 그린 그림.
인형들의 텍스쳐를 살릴려고 노력했다.
X close

About
Portfolio
Diary
Poem
Link
Guestbook
Home

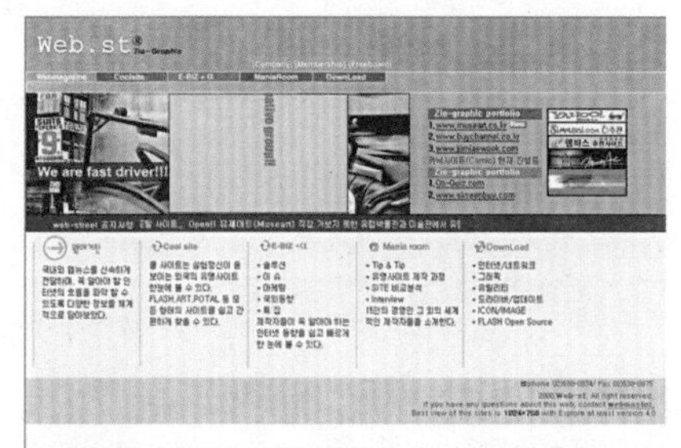
Web.st
We are fast driver!!!

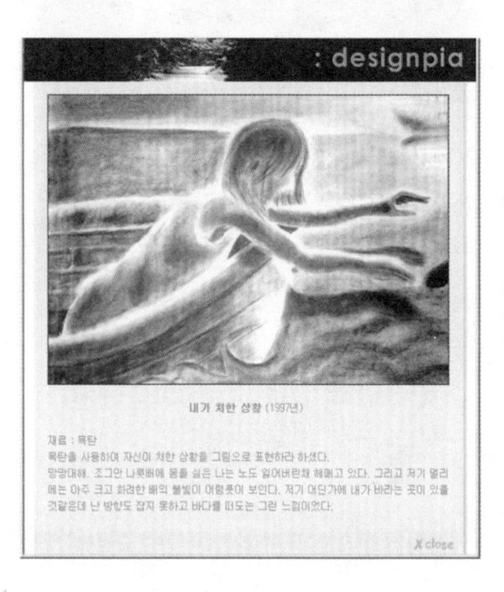
: designpia
내가 처한 상황 (1997년)
재료 : 목탄
목탄을 사용하여 자신이 처한 상황을 그림으로 표현하라 하셨다.
망망대해. 조그만 나룻배에 몸을 실은 나는 노도 잃어버린채 헤매고 있다. 그리고 저기 멀리에는 아주 크고 화려한 배의 불빛이 어렴풋이 보인다. 저기 어딘가에 내가 바라는 곳이 있을 것같은데 난 방향도 잡지 못하고 바다를 떠도는 그런 느낌이었다.
X close

About
Portfolio
Diary
Poem
Link
Guestbook
Home

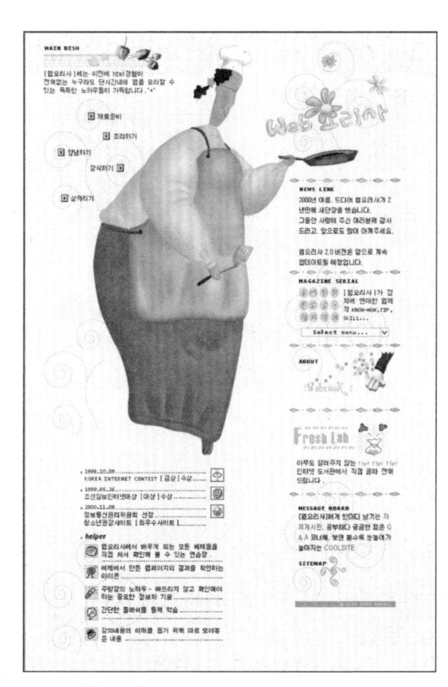
MAIN DISH
NEWS LINE
MAGAZINE SERIAL
ABOUT
MESSAGE BOARD
SITEMAP
helper

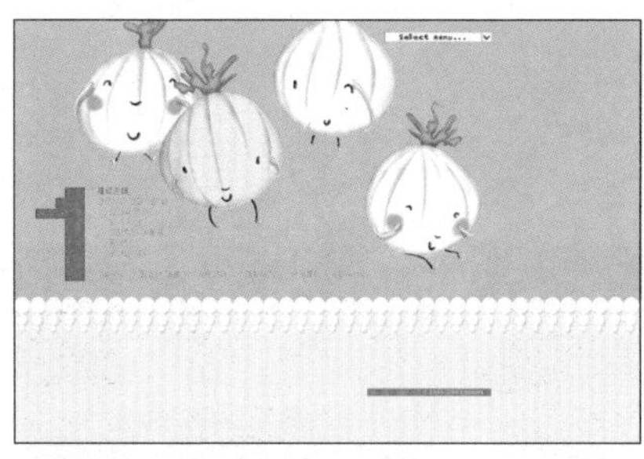

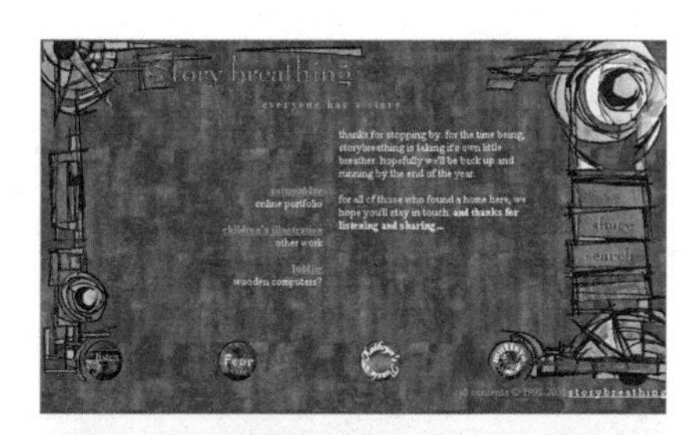
story breathing

BROADCAST

DreamX
대출대박
KINGDOM UNDER FIRE
Today's Choice
Best of Best
Notice
DOWN ZONE

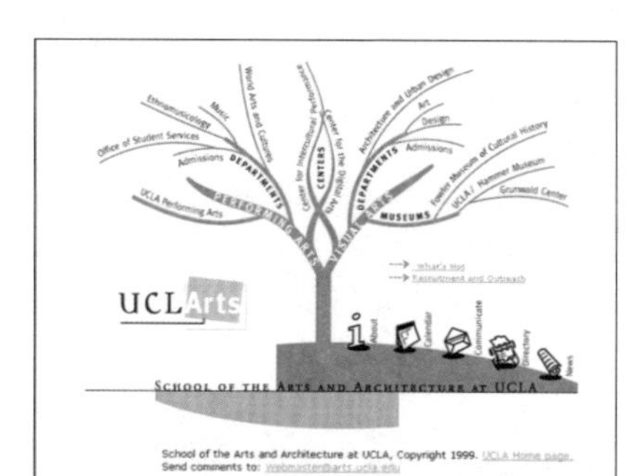
UCLArts
School of the Arts and Architecture at UCLA
School of the Arts and Architecture at UCLA, Copyright 1999. UCLA Home page.
Send comments to: webmaster@arts.ucla.edu

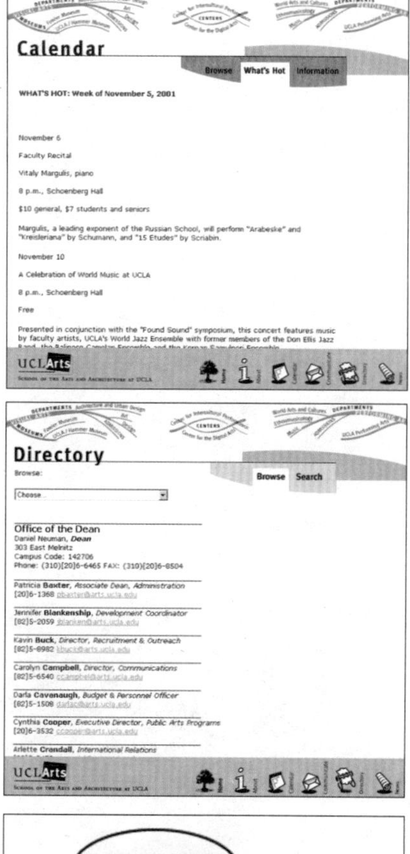
Calendar
Browse
What's Hot
Information
WHAT'S HOT: Week of November 5, 2001
November 6
Faculty Recital
Vitaly Margulis, piano
8 p.m., Schoenberg Hall
$10 general, $7 students and seniors
Margulis, a leading exponent of the Russian School, will perform "Arabeske" and "Kreisleriana" by Schumann, and "15 Etudes" by Scriabin.
November 10
A Celebration of World Music at UCLA
8 p.m., Schoenberg Hall
Free
Presented in conjunction with the "Found Sound" symposium, this concert features music by faculty artists, UCLA's World Jazz Ensemble with former members of the Don Ellis Jazz
Directory
Browse:
Browse
Search
Office of the Dean
Daniel Neuman, Dean
303 East Melnitz
Campus Code: 142706
Phone: (310)[20]6-6465 FAX: (310)[20]6-8504
Patricia Baxter, Associate Dean, Administration
Jennifer Blankenship, Development Coordinator
Kavin Buck, Director, Recruitment & Outreach
Carolyn Campbell, Director, Communications
Darla Cavenaugh, Budget & Personnel Officer
Cynthia Cooper, Executive Director, Public Arts Programs
Arlette Crandall, International Relations
UCLArts

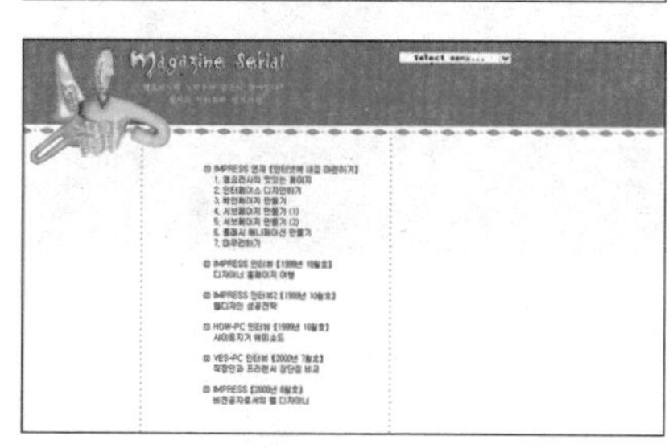
Magazine Serial

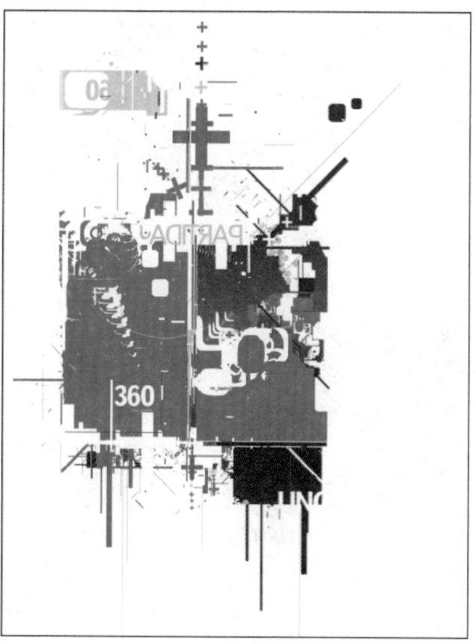
360

ENGINE HAS OPENED IN A POP UP WINDOW
ENTER »

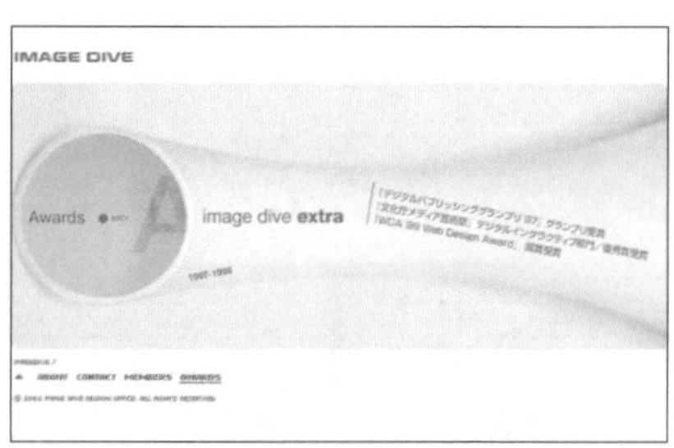
IMAGE DIVE
Awards
image dive extra
ABOUT CONTACT MEMBERS AWARDS

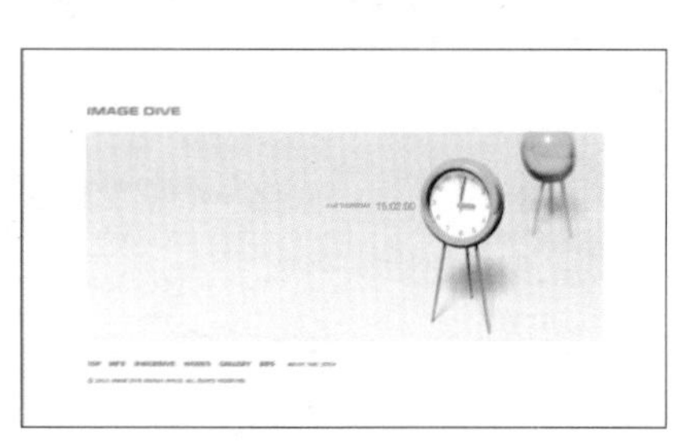
IMAGE DIVE
15.02.00

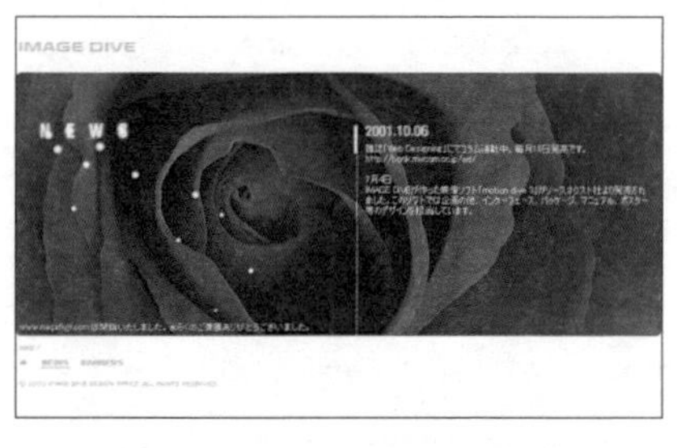
IMAGE DIVE
2001.10.06

IMAGE DIVE

IMAGE DIVE

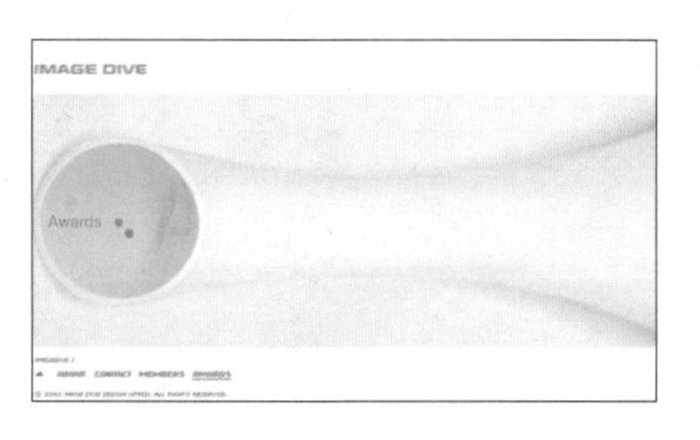
IMAGE DIVE
Awards
ABOUT CONTACT MEMBERS AWARDS

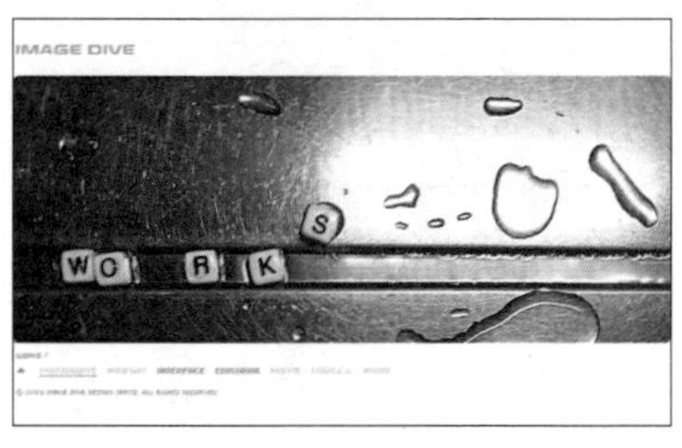
IMAGE DIVE

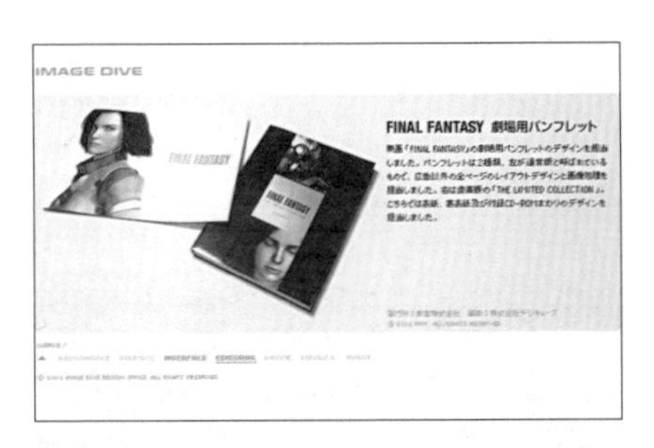
IMAGE DIVE
FINAL FANTASY 劇場用パンフレット

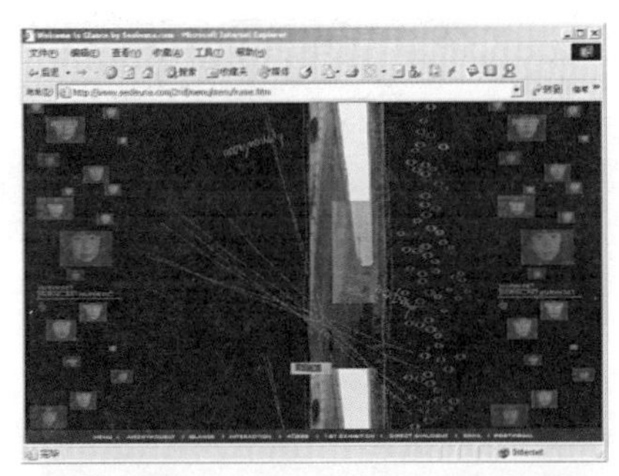

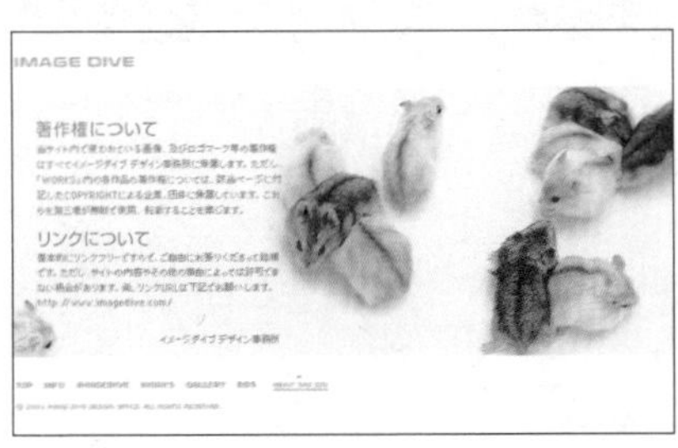
IMAGE DIVE
著作権について
リンクについて

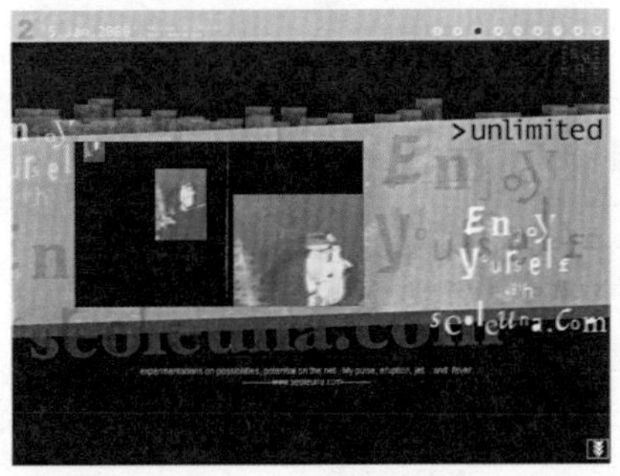
>unlimited

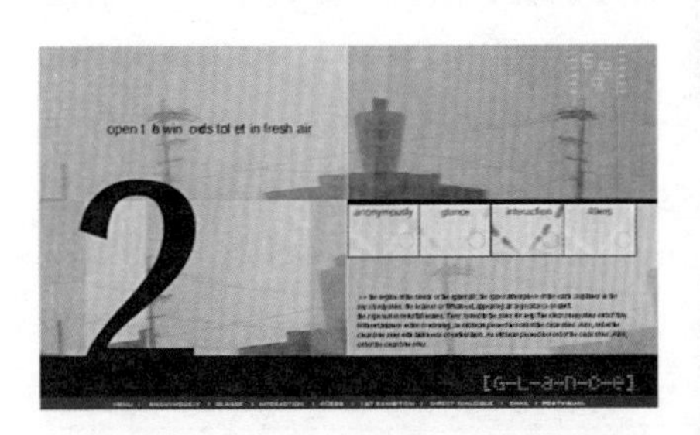
open t a win ods tol et in fresh air
2
[G-L-a-n-C-e]

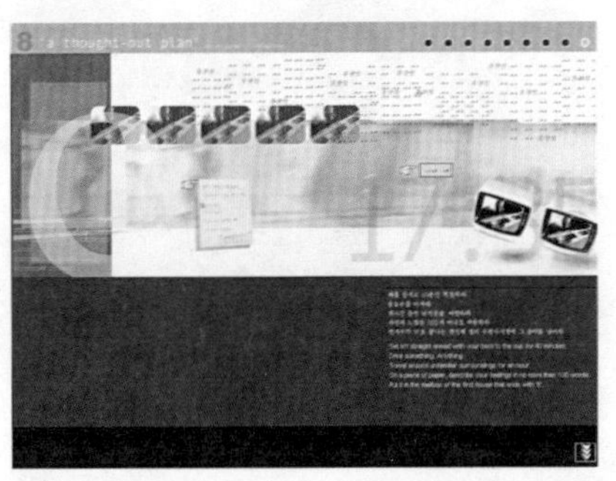

grootlicht

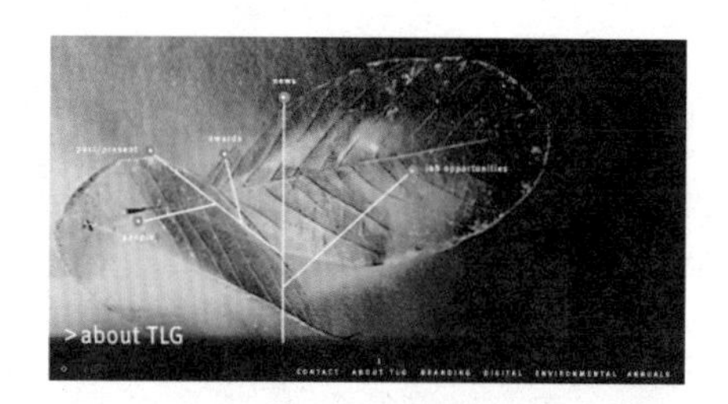
news
awards
past/present
job opportunities
people
>about TLG
CONTACT ABOUT TLG BRANDING DIGITAL ENVIRONMENTAL ANNUALS

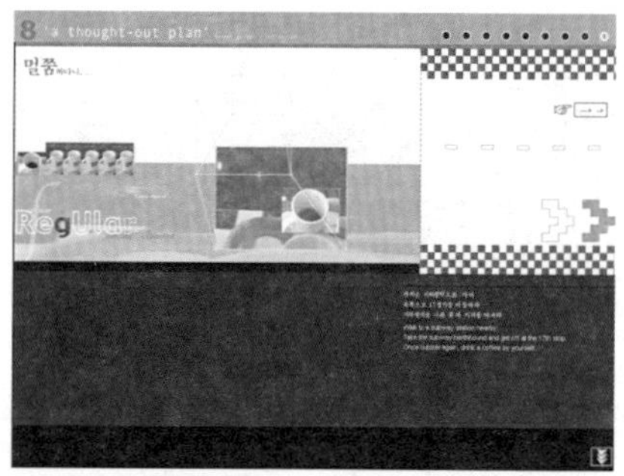
8 'a thought-out plan'
Regular

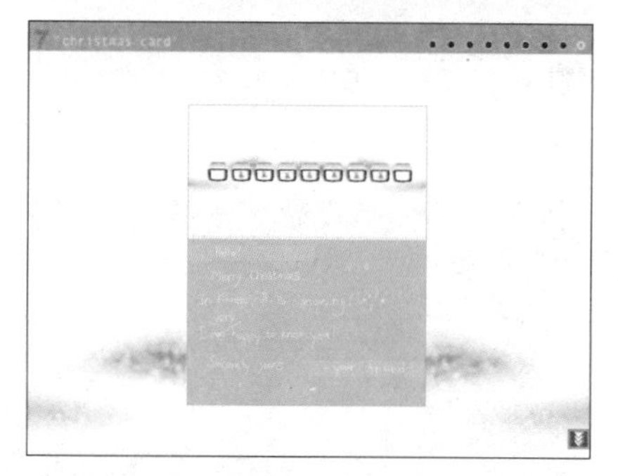
7 'christmas card'

xylem interactive
ENTER

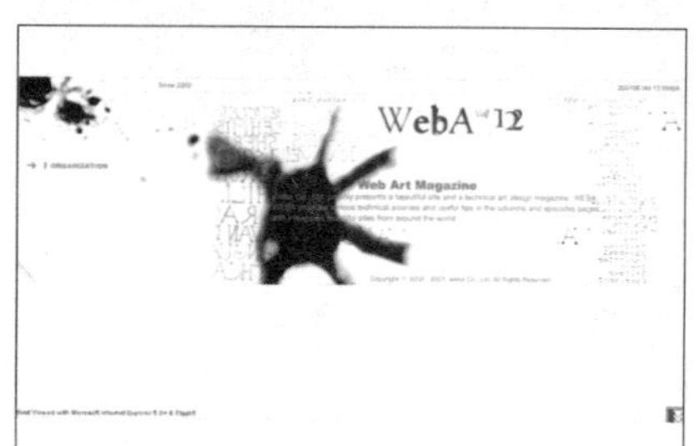
WebA 12
Web Art Magazine

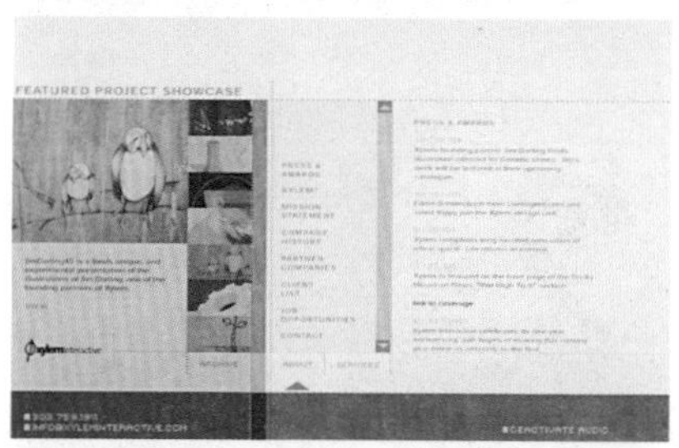
FEATURED PROJECT SHOWCASE

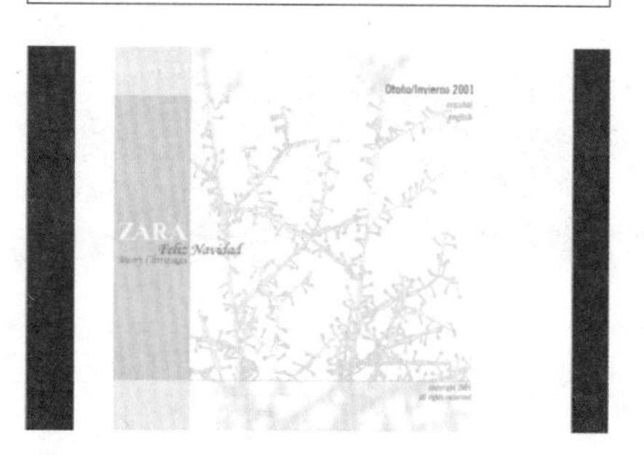
Otoño/Invierno 2001
ZARA
Feliz Navidad

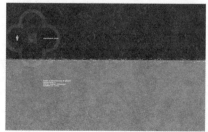

HOME
LOGISTICS
OUR FOCUS:

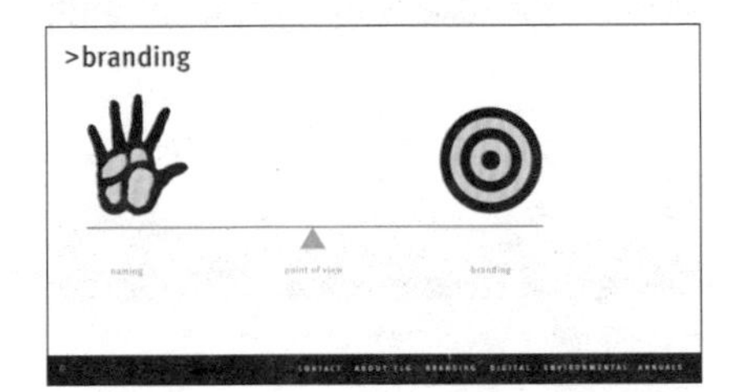
>branding
naming
point of view
branding

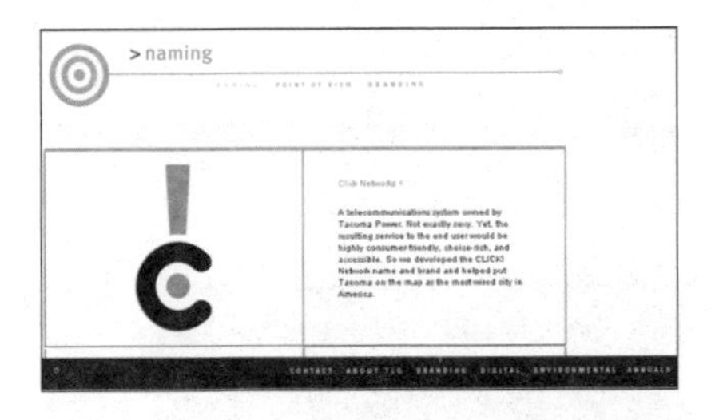
>naming

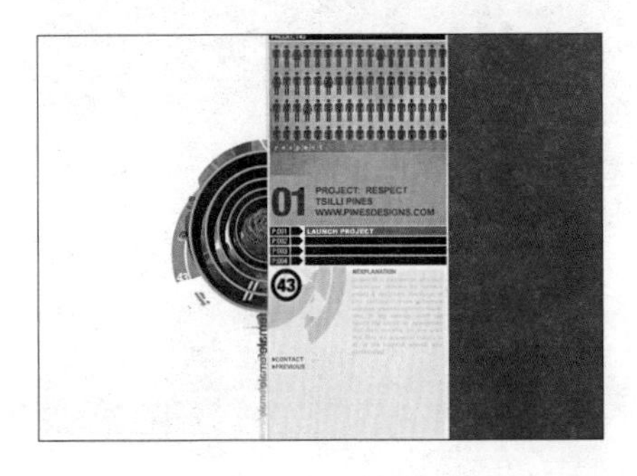
01
PROJECT: RESPECT
TSILLI PINES
WWW.PINESDESIGNS.COM
LAUNCH PROJECT
43

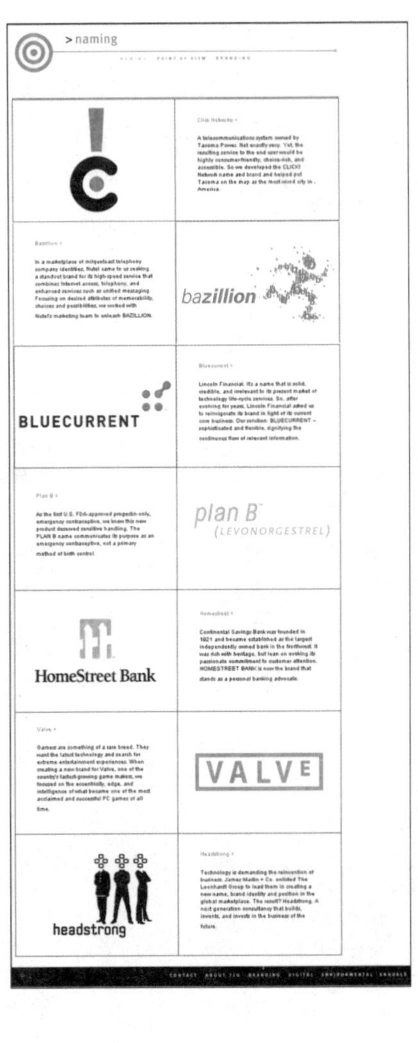
>naming
bazillion
BLUECURRENT
plan B
(LEVONORGESTREL)
HomeStreet Bank
VALVE
headstrong

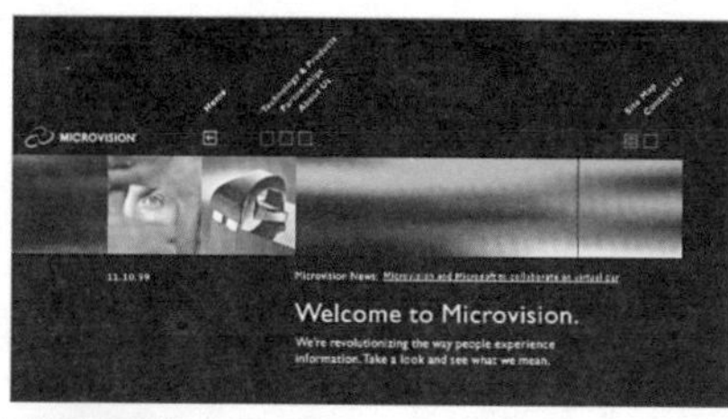
MICROVISION
Welcome to Microvision.
We're revolutionizing the way people experience information. Take a look and see what we mean.

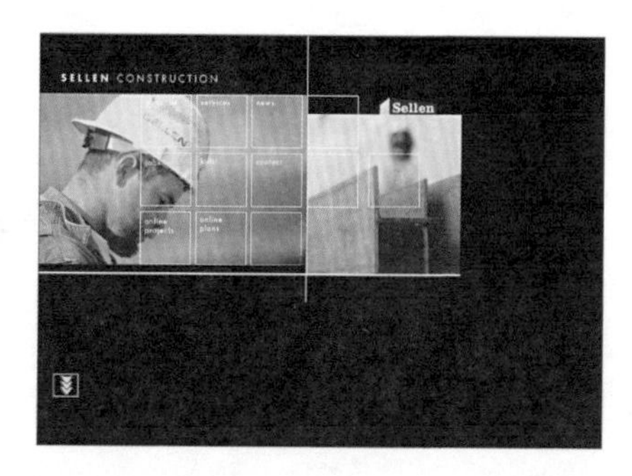
SELLEN CONSTRUCTION
Sellen

the
future
is
here

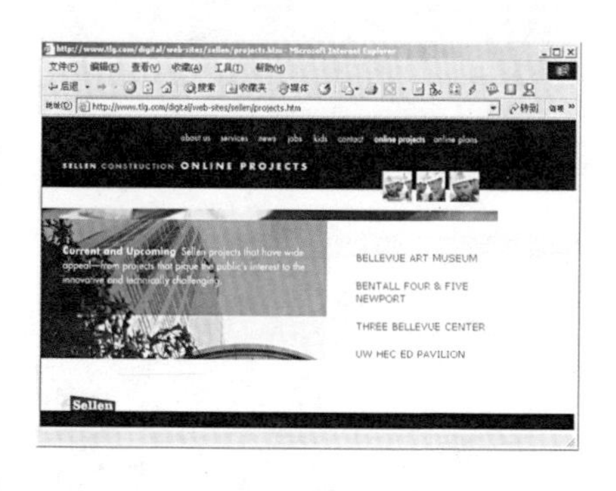
SELLEN CONSTRUCTION ONLINE PROJECTS
BELLEVUE ART MUSEUM
BENTALL FOUR & FIVE NEWPORT
THREE BELLEVUE CENTER
UW HEC ED PAVILION
Sellen

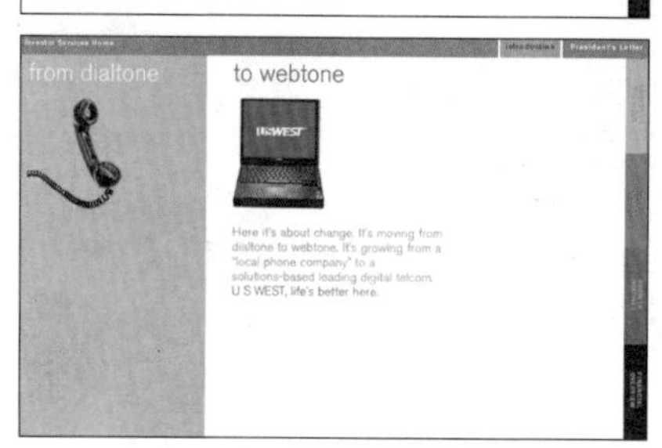
from dialtone
to webtone
Here it's about change. It's moving from dialtone to webtone. It's growing from a "local phone company" to a solutions-based leading digital telcom.
U S WEST, life's better here.

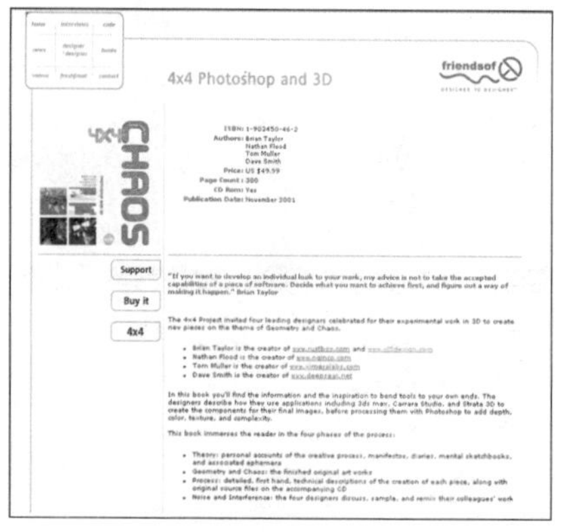
4x4 Photoshop and 3D
friendsof
Support
Buy it
4x4

journalE
REAL STORIES FROM PLANET EARTH
America Attacked
Nature
The LAMPP
support your habit
daily feed
Share your experiences with other readers ...

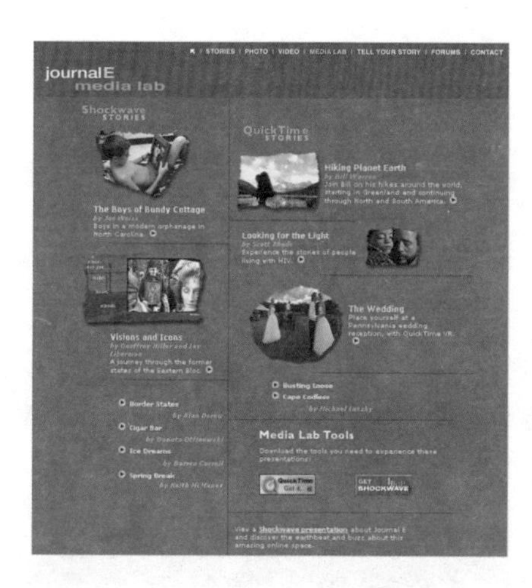
journalE
media lab
Media Lab Tools

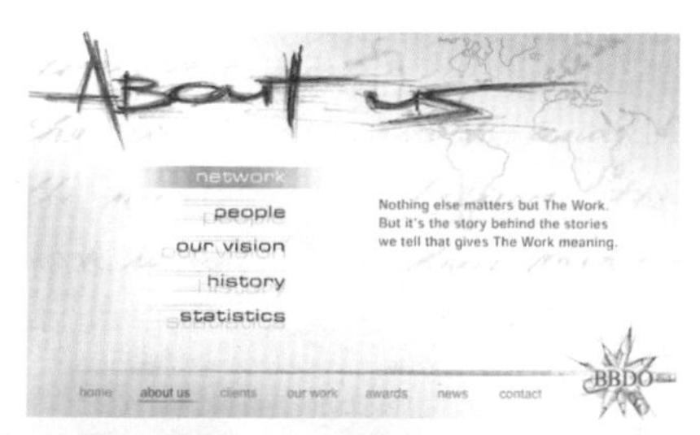
people
our vision
history
statistics
Nothing else matters but The Work.
But it's the story behind the stories
we tell that gives The Work meaning.

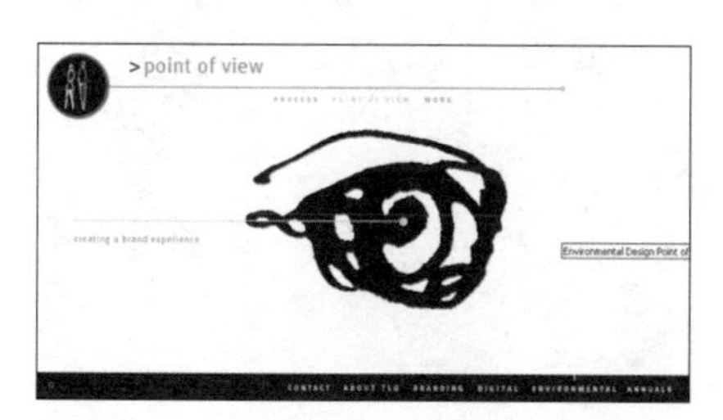
>point of view

L'esprit et le style

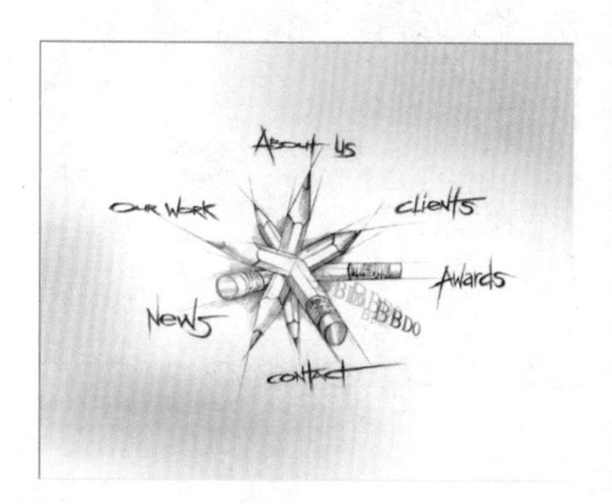
About us
Our Work
clients
Awards
News
contact

PEUGEOT
Naviguez sur le site 607
Accueil 607
4 regards sur la 607
Les essais sur route
Configurez votre 607
La 607 en multimédia
607 et vous
L'esprit 607
La 607 en détail

Forest for the Trees
THE SOUND OF WET PAINT
Forest for the Trees
DREAMWORKS RECORDS
This site is better viewed with Shockwave 6.0.
GET SHOCKWAVE
DreamWorks Records, ?997 SKG Music L.L.C.

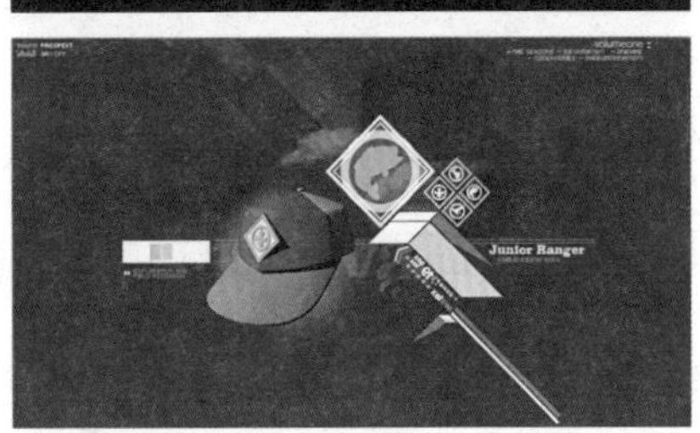
Junior Ranger

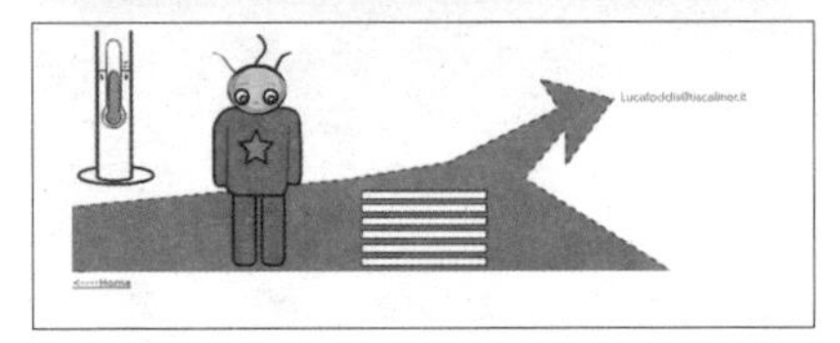

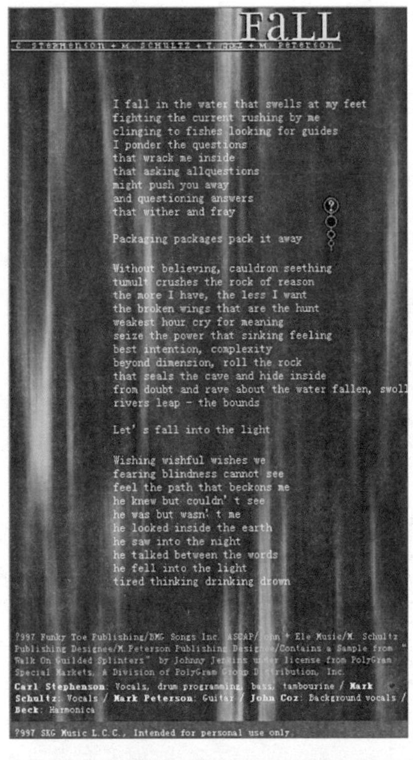
FaLL
I fall in the water that swells at my feet
fighting the current rushing by me
clinging to fishes looking for guides
I ponder the questions
that wrack me inside
that asking allquestions
might push you away
and questioning answers
that wither and fray
Packaging packages pack it away
Without believing, cauldron seething
tumult crushes the rock of reason
the more I have, the less I want
the broken wings that are the hunt
weakest hour cry for meaning
seize the power that sinking feeling
best intention, complexity
beyond dimension, roll the rock
that seals the cave and hide inside
from doubt and rave about the water fallen, swoll
rivers leap - the bounds
Let' s fall into the light
Wishing wishful wishes we
fearing blindness cannot see
feel the path that beckons me
he knew but couldn' t see
he was but wasn' t me
he looked inside the earth
he saw into the night
he talked between the words
he fell into the light
tired thinking drinking drown
Carl Stephenson: Vocals, drum programming, bass, tambourine / Mark Schultz: Vocals / Mark Peterson: Guitar / John Coz: Background vocals / Beck: Harmonica
?997 SKG Music L.C.C., Intended for personal use only.

Forest for the Trees
LYRICS
CARL STEPHENSON
WET PAINT
BUY THE ALBUM
LINKS-CONTACT
DreamWorks Records

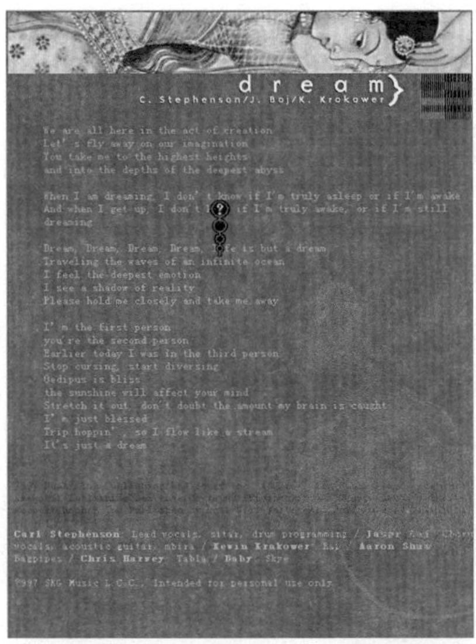
d r e a m
C. Stephenson/J. Boj/K. Krokower
We are all here in the act of creation
Let's fly away on our imagination
You take me to the highest heights
and into the depths of the deepest abyss
When I am dreaming I don't know if I'm truly asleep or if I'm awake
And when I get up, I don't
if I'm truly awake, or if I'm still
dreaming
Dream, Dream, Dream, Dream,
is but a dream
Traveling the waves of an infinite ocean
I feel the deepest emotion
I see a shadow of reality
Please hold me closely and take me away
I'm the first person
you're the second person
Earlier today I was in the third person
Stop cursing, start diversing
Oedipus is bliss
the sunshine will affect your mind
Stretch it out, don't doubt the amount my brain is caught
I'm just blessed
Trip hoppin', so I flow like a stream
It's just a dream
Carl Stephenson: Lead vocals, sitar, drum programming
vocals, acoustic guitar, mbira / Kevin Krakower
Aaron Shaw
Bagpipes / Chris Harvey: Tabla / Baby: Skye
1997 SKG Music L.C.C., Intended for personal use only

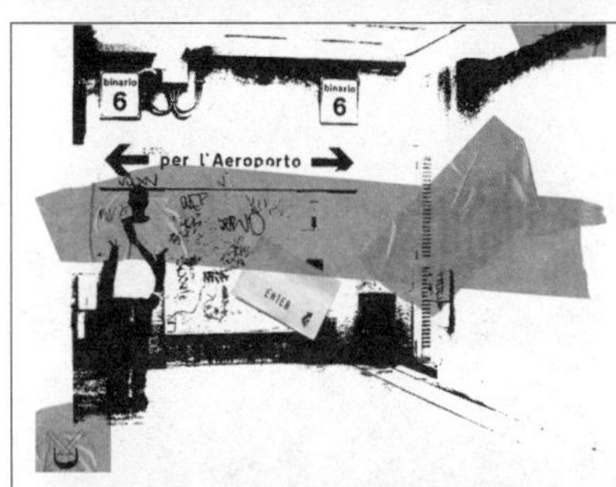
binario
6
binario
6
per l'Aeroporto

menù

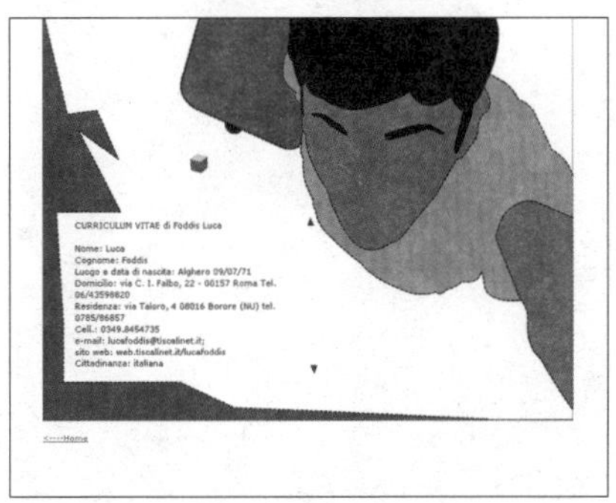
CURRICULUM VITAE di Foddis Luca
Nome: Luca
Cognome: Foddis
Luogo e data di nascita: Alghero 09/07/71
Domicilio: via C. I. Falbo, 22 - 00157 Roma Tel.
06/43598820
Residenza: via Taloro, 4 08016 Borore (NU) tel.
0785/86857
Cell.: 0349.8454735
e-mail: lucafoddis@tiscalinet.it;
sito web: web.tiscalinet.it/lucafoddis
Cittadinanza: italiana
<----Home

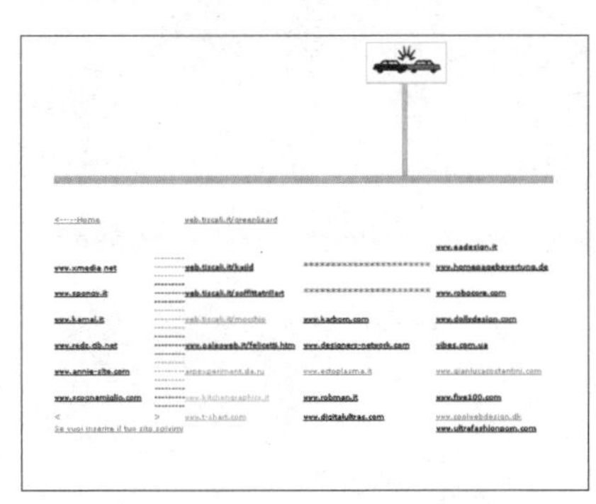
www.xmedia.net
www.kamal.it
www.robocore.com
www.designers-network.com
vibes.com.ua
www.robman.it
www.five100.com
www.digitalultras.com

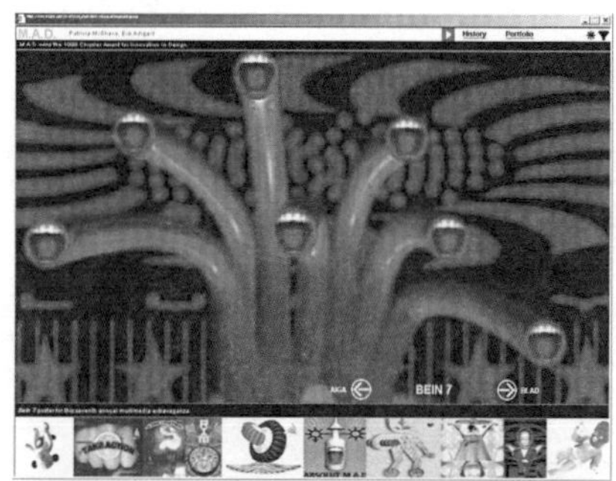
M.A.D.
History
Portfolio
AIGA
BEIN 7

M.A.D.
History
Portfolio
AIGA

QG
CAST
V1.VOANDO COM A IMAGINAÇÃO
ENTER

QG
CAST
interactive
// QG.CAST
// QG.WORKS
// QG.CLIENTS
// QG.CONTACT
ULTIMO
// WWW.OLYMPIA.COM.BR
V.01 // VOANDO.COM.A.IMAGINAÇÃO
WE ARE
DESIGN WARRIORS
FIGHTING AGAINST
MEDIOCRITY
READY FOR TAKEOFF

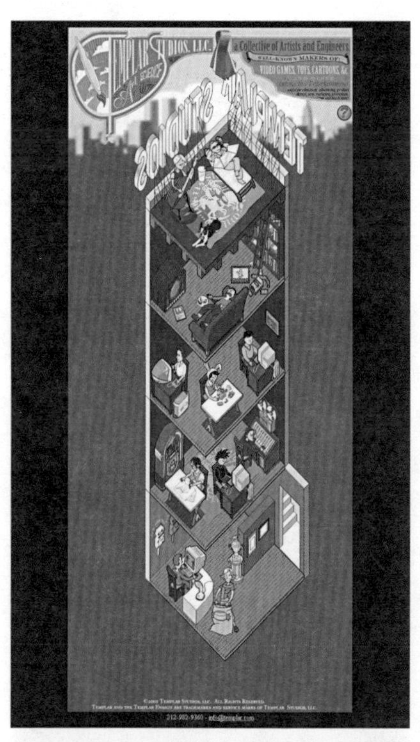
Templar Studios, L.L.C.
a Collective of Artists and Engineers

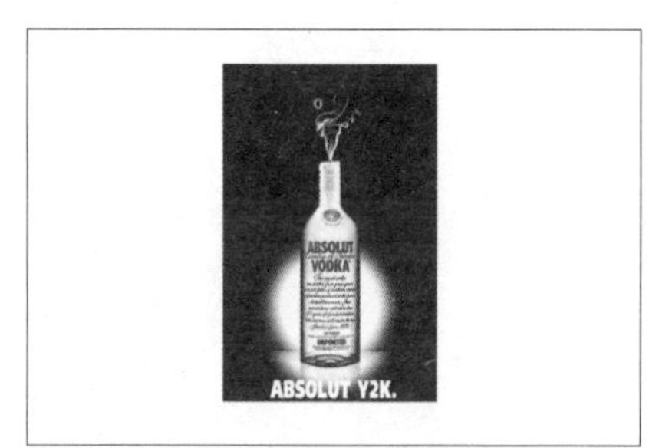
ABSOLUT
VODKA
ABSOLUT Y2K.

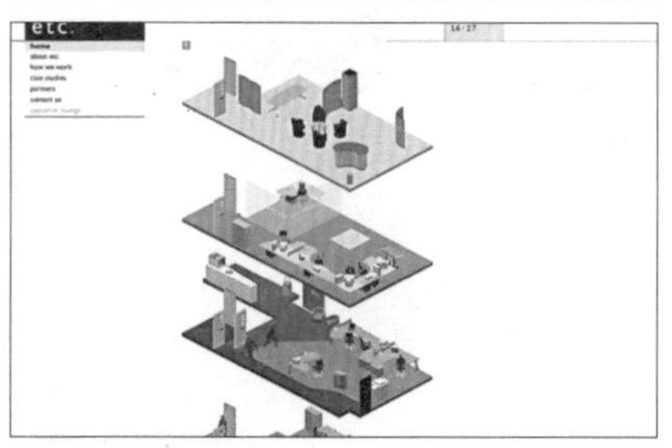
etc.

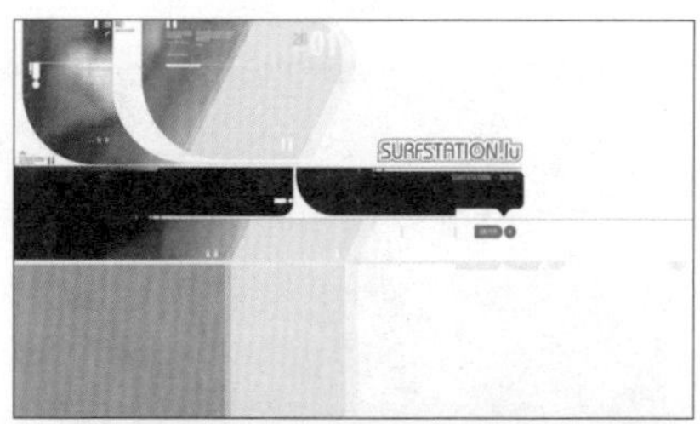
SURFSTATION.lu

HOME
GALLERY
BUY A PAINTING
BIOGRAPHY
CONTACT

GALLERY
BUY A PAINTING
BIOGRAPHY
CONTACT
WHAT'S NEW

Graphical-Typeface Making Division

singapore

_THE BIG ISSUES
_DOWNLOAD THEM HERE.
_CURRENT ISSUE _TWO
_FEBRUARY 2002
_AMERICANA
_AN EXPLORATION OF ABSTRACT AND URBAN AMERICAN ART

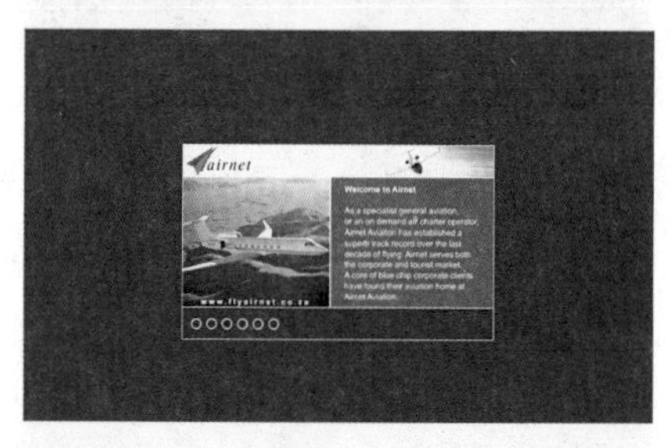
airnet
Welcome to Airnet
www.flyairnet.co.za

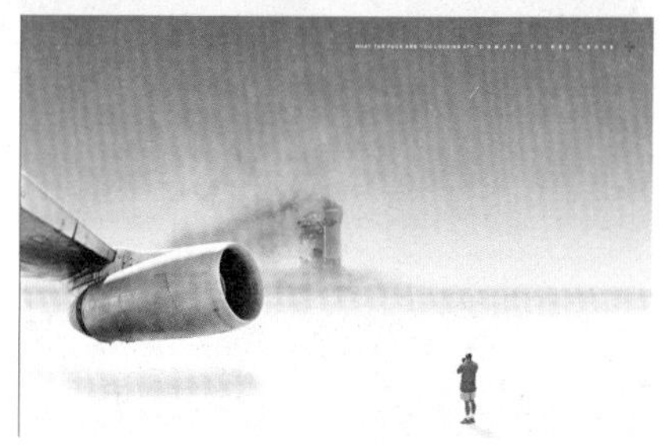

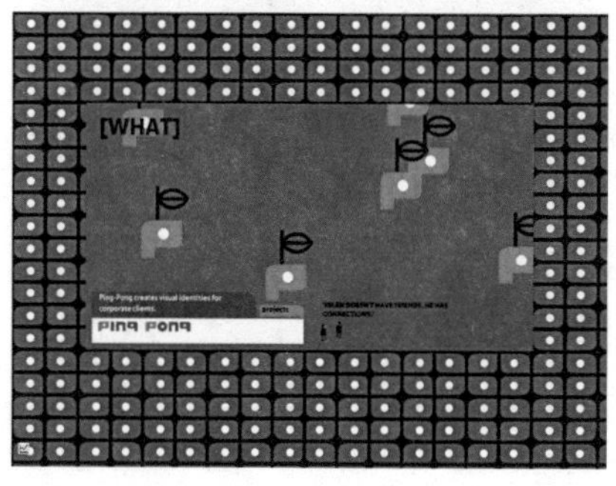
[WHAT]
Ping Pong

V&A
GO Search All
VISITING EXPLORING LEARNING SUPPORTING SHOPPING
Victoria and Albert Museum
THE V&A IS NOW FREE OF CHARGE FOR EVERYONE
The new British Galleries are now open.
RADICAL FASHION
18 October 2001
-
6 January 2002
A visually stunning and provocative exhibition featuring the work of eleven world-class designers.
ABOUT US CONTACT US RESOURCES SITE MAP DISCLAIMER LINKS

参考文献

1.尼克·（美）麦克唐纳.什么是网页设计.北京：中国青年出版社，2006

2.王守宜，宋永胜.构成基础学.沈阳：辽宁美术出版社，2001

3.曾顺.精通CSS+DIV网页样式与布局.北京：人民邮电出版社，2007

4.（英）查尔斯·兰德利.创意城市.北京：清华大学出版社，2009

5.梁景红.设计师谈网页设计思维.北京：电子工业出版社，2006

6.（美）达里尔·J.摩尔.设计创意流程.上海：上海人民美术出版社，2009

7.王晓峰，焦燕.网页美术设计原理及实战策略.北京：清华大学出版社，2009

8.韩绪，方舒弘.网页设计教程.杭州：浙江人民美术出版社，2006

9.王怡颖.无用设计.北京：人民邮电出版社，2011

10.张晓景.DIV+CSS网页布局商业案例精粹.北京：电子工业出版社，2010

11.（日）田中一光.设计的觉醒.桂林：广西师范大学出版社，2009

12.王建民.网页设计.长沙：湖南大学出版社，2006

13.温谦.CSS设计彻底研究.北京：人民邮电出版社，2008

14.彭纲，徐成钢，周绍斌等.网页艺术设计.北京：高等教育出版社，2006

15.巫汉祥.文艺符号新论.厦门：厦门大学出版社，2002

后记

大约一年前接到编写教材的任务时既高兴又忐忑不安。高兴的是再有三年就退休了，可以在退休之前，把自己“网页设计”课程的教学心得写出来供大家“拍砖”，也算是给自己某段工作画个句号，无论句号画得是否圆满，但毕竟是个句号。忐忑不安的是“网页设计与制作”教材太难写了，首先网页制作技术的更新简直是“日新月异”；其次，代码的编写掌握得不够精深，所以，边学习最新技术，边实践，边测试效果，再编写出来，实在有点力不从心。甚至有段时间想放弃了，但不管怎样，磕磕绊绊、风风雨雨、徘徘徊徊地写出来了。看到完成的书稿“内牛满面”，就像天下的父母一样，子女无论丑俊都是自己身上掉下来的肉。

本书在编写过程中得到了任文东博士纲领性的指导，王守平教授、孙青教授也给予了大力支持，特别是张乃中、于吉震、刘广宇三位教师在技术支持方面作出了无私的奉献，还有“百道艺术设计会所”的老师和放假期间远在他乡的同学们，积极测试效果，提供数据，在此，谢谢你们！

本教材肯定会有各种不足之处，欢迎大家将建议或意见如实反馈到www.dlbroad.com网站上。三人行，必有我师。谢谢大家！

2013年春

于百道艺术设计会所